"十三五"国家重点图书出版规划项目

画说高效养中蜂

中国农业科学院组织编写

李继莲　郭　军　主编

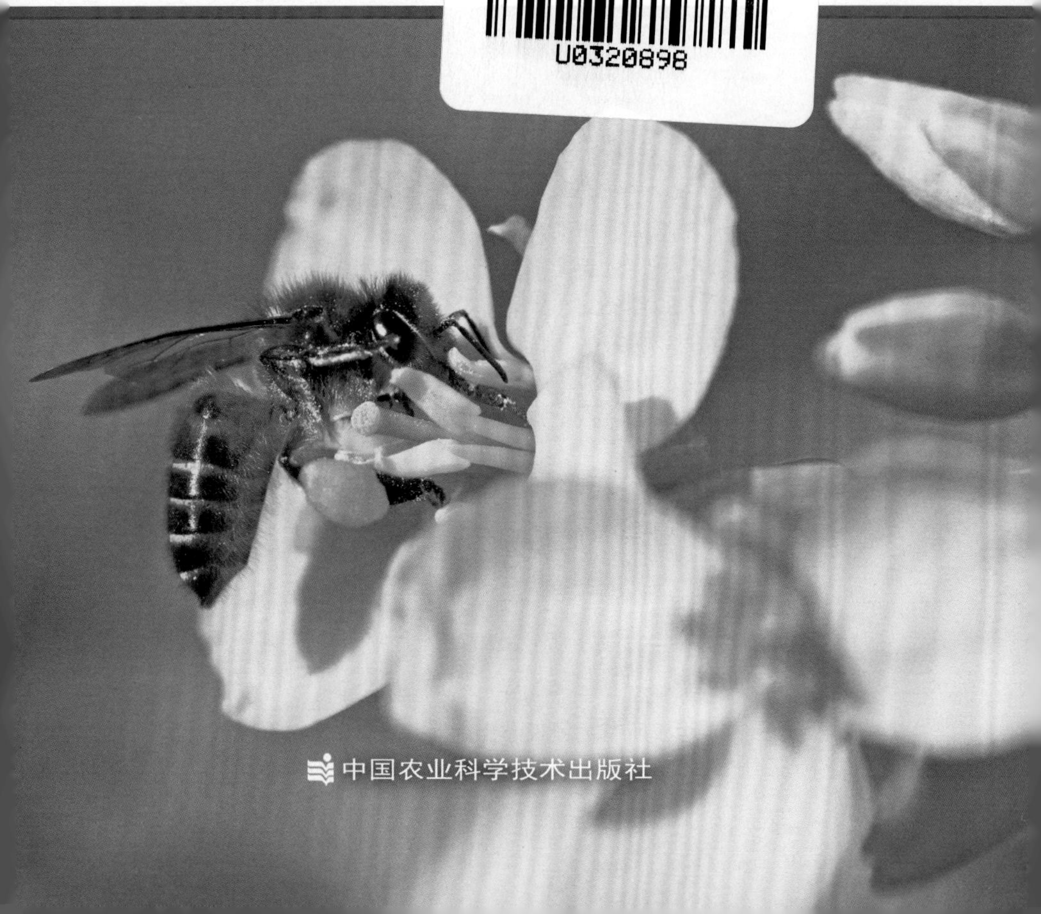

中国农业科学技术出版社

图书在版编目(CIP)数据

画说高效养中蜂 / 李继莲 郭军 主编. —
北京：中国农业科学技术出版社，2020.4
ISBN 978-7-5116-4602-6

Ⅰ.①画… Ⅱ.①李… ②郭… Ⅲ.①中华蜜蜂—蜜蜂饲养 Ⅳ.①S894.1

中国版本图书馆 CIP 数据核字（2020）第 017763 号

责任编辑 张国锋
责任校对 贾海霞

出 版 者 中国农业科学技术出版社
北京市中关村南大街 12 号 邮编：100081
电 话 （010）82106636（编辑室） （010）82109702（发行部）
（010）82109709（读者服务部）
传 真 （010）82106631
网 址 http://www.castp.cn
经 销 者 各地新华书店
印 刷 者 固安县京平诚乾印刷有限公司
开 本 880mm×1 230mm 1/32
印 张 4.5
字 数 130 千字
版 次 2020 年 4 月第 1 版 2020 年 4 月第 1 次印刷
定 价 38.00 元

编委会

《画说『三农』书系》

编委会

《画说高效养中蜂》

主　　编　李继莲　郭　军

参编人员　李还原　王刘豪　熊　剑　董志祥
　　　　　李　凯　陈奕霏　苗春辉　唐　洪
　　　　　唐启河　刘　锋

序言

农业、农村和农民问题，是关系国计民生的根本性问题。农业强不强、农村美不美、农民富不富，决定着亿万农民的获得感和幸福感，决定着我国全面小康社会的成色和社会主义现代化的质量。必须立足国情、农情，切实增强责任感、使命感和紧迫感，竭尽全力，以更大的决心、更明确的目标、更有力的举措推动农业全面升级、农村全面进步、农民全面发展，谱写乡村振兴的新篇章。

中国农业科学院是国家综合性农业科研机构，担负着全国农业重大基础与应用基础研究、应用研究和高新技术研究的任务，致力于解决我国农业及农村经济发展中战略性、全局性、关键性、基础性重大科技问题。根据习总书记“三个面向”“两个一流”“一个整体跃升”的指示精神，中国农业科学院面向世界农业科技前沿、面向国家重大需求、面向现代农业建设主战场，组织实施“科技创新工程”，加快建设世界一流学科和一流科研院所，勇攀高峰，率先跨越；牵头组建国家农业科技创新联盟，联合各级农业科研院所、高校、企业和农业生产组织，共同推动我国农业科技整体跃升，为乡村振兴提供强大的科技支撑。

组织编写《画说“三农”书系》，是中国农业科学院在新时代加快普及现代农业科技知识，帮助农民职业化发展的重要举措。我们在全国范围遴选优秀专家，组织编写农民朋友用得上、喜欢看的系列图书，图文并茂展示先进、实用的农业科技知识，希望能为农民朋友提升技能、发展产业、振兴乡村作出贡献。

中国农业科学院党组书记 张合成

2018 年 10 月 1 日

前言

中华蜜蜂（简称中蜂）是东方蜜蜂的亚种之一，具有耐低温、善于利用零星蜜源等一些独特的行为特征，能够很好地适应极端气候条件，也是农业和山区植物至关重要的授粉昆虫，对保持生物多样性起着重要作用。中华蜜蜂从东南沿海到青藏高原的30个省、自治区、直辖市均有分布，根据中蜂的形态特征以及生物学习性并结合我国各省区市的气候和生态条件，中蜂可分为海南中蜂、云贵中蜂、阿坝中蜂、西藏中蜂、华南中蜂、华中中蜂、滇南中蜂、北方中蜂和长白山中蜂等9个地理品种。但长期以来，由于分布在山区和丘陵等地区，主要处于野生和半野生状态，加上饲养技术落后，产量不足，导致中蜂饲养在很长一段时期内处于无人关注的局面。随着国家对养蜂业投入力度的加大，养蜂技术培训力度和覆盖区域也逐年递增，这为中蜂产业的发展提供了很好的发展机遇。

中蜂与中国不同类型生态系统之间存在着千丝万缕的联系，它们和中国数以万计的生物物种相互依存、协同进化，许多植物的授粉必须依靠中蜂访花才能完成。而大力发展中蜂产业，不仅能够带动农民脱贫致富，而且也为我国山区植物的生物多样性提供授粉保障。而养蜂技术是授粉应用和生产蜂产品的基础，蜂群的饲养水平直接关系到授粉的效果和蜂产品的产量。

为此，以中国农业科学院蜜蜂研究所李继莲研究员及昆明理工大学生命科学与技术学院郭军博士牵头，组织蜂学领域的研究生调研了一线养蜂人员的技术经验，并在参考国内外相关文献的基础上编撰了《画说高效养中蜂》，将中蜂饲养的整个过程及需要注意的事项进行了系统整理、编辑和撰写，同时介绍了一些最新的养蜂技术或养蜂工具。适合养蜂人员、养蜂科技工作者及农业院校相关专业师生阅读参考，特别是对养蜂爱好者提供指导，力求技术实用、语言简练、图文并茂。希望广大读者通过阅读此书，应用书中介绍的技术和方法，能够提高中蜂饲养技术水平。本书编写中大部分图片由编者团队拍摄，部分引自国际上公开发表的最新科研论文中的图片，还有一部分图片由国内一些蜂业企业和校友等友情提供，他们是：云南大关县甜蜜蜜农业开发有限公司，国家蜂产业技术体系兴城、重庆、红河等试验站，还有一些图片引自蜂业微信群，由于版面限制，未能标注图片作者，在此一并感谢！

由于作者水平有限，时间仓促，书中疏漏欠妥、甚至错误之处在所难免，恳请广大读者和同仁给予批评指正。

Contents 目　录

第一章

中蜂概述及中蜂养殖在精准扶贫中的应用

第一节　中蜂主要亚种及分布

中华蜜蜂（*Apis cerana cerana*）（图 1-1），又称中华蜂、中蜂、土蜂，是东方蜜蜂的一个亚种。在中国，中华蜜蜂从东南沿海到青藏高原的 30 个省、自治区、直辖市均有分布。根据中蜂的形态特征以及生物学习性并结合我国各省市区的气候和生态条件，中蜂可分为海南中蜂、云贵中蜂、阿坝中蜂、西藏中蜂、华南中蜂、华中中蜂、滇南中蜂、北方中蜂和长白山中蜂 9 个地方品种。据杨冠煌等调查，中蜂的分布，北线至黑龙江省的小兴安岭；西北至甘肃省武威、青海省乐都和海南藏族自治州，新疆深山也发现有少量分布；西南线至雅鲁藏布江中下游的墨脱、摄拉木，南至海南省，东到台湾省。

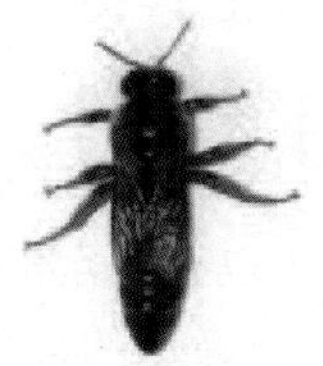

北方中蜂蜂王

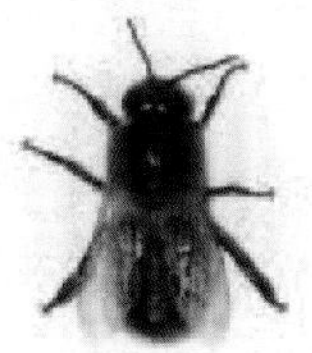

北方中蜂雄蜂

北方中蜂工蜂

图 1-1　中蜂三型蜂（摘自 中国遗传资源志　蜜蜂）

中蜂善于利用零星蜜源，能节约饲料，适应性强，抗寒耐热；环境恶劣时能根据外界温度情况来控制产卵量，适宜果园定地饲养为果树授粉，也非常适合中国山区定地饲养，大型中蜂养殖场也能和西蜂一样进行转地放蜂，但通常以小转地为主。

第二节　中蜂的生物学特性及与意蜂的区别

蜜蜂属共有九大蜂种，其中，东方蜜蜂和西方蜜蜂是其中数量和分布最广的两大蜂种，并且均已经人工驯化，适合人工饲养。中蜂和意大利蜂分别是东方蜜蜂和西方蜜蜂的重要亚种，也是我国饲养数量最多的两个蜂种。中蜂和意蜂相比具有以下 20 个特点，从遗传进化的角度来看，这些特点既是中蜂的优点，同时很多也是它们的缺点，正是这些独特的特性，使得中蜂能更好地适应当地环境，不断进化，养蜂时如果能够顺应蜜蜂的习性，遵循其生物学规律，一定能够养好蜜蜂。

一、中蜂群势较小

一般情况下，蜂群的群势取决于蜂王产卵力和工蜂的寿命，因此，可通过蜂王的日平均产卵量和工蜂繁殖期的平均寿命推算蜂群的理论群势。中蜂蜂王的日平均产卵为 750 粒，中蜂工蜂的平均寿命为 35 天，所以中蜂的理论群势为 750 × 35=26 250（只）；而意蜂蜂王的日平均产卵为 1 500 粒，意蜂工蜂平均寿命为 35 天，所以意蜂的理论群势为 1 500 × 35=52 500（只）。从上述数据可知，中蜂蜂王产卵量较少，因此不易饲养成大群。中蜂理论上不会像意蜂一样群势发展到可以加继箱的程度，这与中蜂个体较小也有一定的关系，通常在群势达到平箱满箱之前，就已经开始出现分蜂热的征兆，这时就应开始提前注意分蜂了。

二、中蜂个体较小

中蜂和意蜂三型蜂体长的比较，详见表 1–1。

表 1-1　中华蜜蜂与意大利蜜蜂的主要区别

特征和特性		中 蜂	意 蜂
上唇基		具三角斑	无三角斑
后翅中脉		分叉	无分叉
大小	蜂王	13~16mm	16~17mm
	工蜂	10~13mm	12~13mm
	雄蜂	11~13mm	14~16mm
体色	蜂王	黑、枣红	橘黄至淡棕
	工蜂	灰黄	淡黄
	雄蜂	黑	金黄有黑斑
吻 长		4.5~5.6mm	6.2~6.7mm
肘脉指数		4.0（3.1~4.6）	2.3（2.1~2.8）
巢房大小	蜂王	Φ6.00~9.00mm	Φ8.00~10.00mm
	工蜂（对边距）	4.81~4.97mm	5.20~5.40mm
	雄蜂（对边距）	5.25~5.75mm	6.25~7.00mm
雄蜂房蜡盖		笠状，具孔凸出	盖平
群 势		1~2kg	1~3.5kg
蜂王产卵力		400~1 000 粒 / 日	800~1 500 粒 / 日
繁殖情况		能根据蜜源调节育虫	春季育虫早，蜂群发展平稳，夏季群势强
扇风行为		鼓风型（头朝外）	抽气型（头朝内）
采集情况		善于利用零星蜜源和南方的冬季蜜源，能采集浅花冠的蜜源	善于采集持续时间长的大蜜源
分蜂性		强	弱，易维持大群
耐寒性		群体一般，个体强	一般
饲料消耗		少	多
泌蜡造脾力		爱咬旧脾，喜新脾	泌蜡力强，造脾快
产浆能力		差	好
采集利用蜂胶		不采	较多

（续表）

特征和特性	中 蜂	意 蜂
蜜房封盖	干型，白色	中间型
温驯情况	易螫，怕光，提脾时蜜蜂易出现慌乱	温和，提出巢脾时蜜蜂安静
工蜂产卵情况	失王后工蜂易产卵	失王后工蜂不易产卵
盗性	强	强，卫巢力强
清巢性	强	强
抗螨性	强	弱
抗巢虫性	弱	较强

三、中蜂发育期较短

中蜂和意蜂的蜂王发育历期完全相同，但工蜂和雄蜂的发育历期都比意蜂的时间要短。

四、中蜂巢房较小

中蜂和意蜂三型蜂巢房大小详见表1–1。中蜂3型蜂巢房比相应的意蜂巢房小。中蜂雄蜂的封盖呈“笠”状，且尖顶有小孔。

五、中蜂善于利用零星蜜源

中蜂可采集花冠深度较低的花蜜，有利于利用花蜜浓度较低的蜜源，在蜜源深度较低时就可抢先采集。中蜂嗅觉比意蜂灵敏，有利于发现和利用零星蜜粉源，这也是中蜂能够适应山区环境的原因之一，即便是蜜源短缺的季节，由于中蜂这一特性，中蜂群也可以保持常年不缺蜜，有利于种群的繁衍。另外，中蜂飞行敏捷，善于避过胡蜂和其他敌害的追捕，也有利于充分利用山区蜜粉源，可做到无大蜜源时饲料自给自足。中蜂善于利用零星蜜源是中蜂能适应山区丘陵地区生存的重要因素，也是中蜂能够定地养殖的关键因素。

六、中蜂工蜂扇风时头朝外

中蜂和意蜂在炎热季节通常通过扇风来增强蜂巢通风，从而降低巢内温度。中蜂扇风时采取的姿势是头部朝向巢外（图 1–2），将风鼓进蜂箱，中蜂的这种扇风方式，一方面将外界较冷的空气扇入巢内，使得箱内较湿热的空气冷却成水气，并凝结在箱壁形成水珠，另一方面致使巢内的湿气难以排出，而导致巢内相对湿度较高。而意蜂则相反，头部朝向蜂箱巢门的姿势扇风，将风从蜂箱中抽出。

图 1–2　中蜂扇风时头朝外

中蜂巢内常年可保持湿度在 80%~95%，雨天时湿度可高达 100%。通风方式决定了蜂蜜的黏稠程度，因此，中蜂的通风方式导致中蜂成熟蜂蜜的浓度要低于西蜂成熟蜂蜜。中蜂夏蜜产量最大，夏季温度高，与巢内的温度形成最大的反差，水气凝结导致巢内湿度非常高，所以中蜂在夏季所产的百花蜜浓度含水量可能超过 20%。

七、中蜂不采胶

中蜂不具采集树胶的习性（图 1–3）。中蜂填补箱缝隙都完全用自身分泌的纯蜡，而不像西蜂通过采集植物的芽苞、树皮或茎干伤口上的树胶来填补缝隙。中蜂巢脾熔化提取的蜂蜡，不仅颜色洁白，而且熔点比较高，中蜂蜡的熔点 66℃，意蜂蜡的熔点 64℃。

图 1-3　采集树胶的西方蜜蜂

八、中蜂怕震动易离脾

中蜂群受到轻微震动后，工蜂往往向箱角集结，甚至涌出巢门，若受到激烈震动就会离开巢脾。中蜂怕震动易离脾的特性，虽然在取蜜时很容易抖蜂取蜜脾，但对长途转地饲养很不利。由于运输途中的震动引起中蜂离脾，导致幼虫长时间得不到哺育和保温而死亡，所以中蜂一般都以定地饲养为主，适度小转地，很少见（也不推荐）长途运输中蜂转地放蜂 。

九、中蜂易飞逃

中蜂对自然环境的适应极为敏感，一旦原巢的环境不适应生存时就会发生迁徙，另寻适当的巢穴营巢（图 1-4），这种习性称之为“飞逃”。

图 1-4　分蜂飞逃的中蜂

十、中蜂分蜂性强

图 1-5　中蜂分蜂团

自然分蜂指在蜜粉源丰富、气候适宜、蜂群强盛的条件下，原群蜂王与相当数量工蜂和部分雄蜂飞离蜂巢，另择新居营巢生活的群体活动（图 1-5），是蜜蜂群体自然增殖的唯一方式。中蜂好分蜂，护脾能力差，恋脾恋巢性弱，一经振动就离脾，不易长途转地。遇到严重病、敌害侵袭或恶劣环境缺蜜时易飞逃；中蜂好分蜂，这是适应性强的表现，但难以维持强群，单产较低。养蜂中应充分利用中蜂爱分蜂的特性，及时人工分蜂，迅速扩大蜂群规模，以防中蜂自然分蜂造成损失。

十一、中蜂白天性躁，夜间温驯

中蜂在白天不如意蜂温驯，但在夜间中蜂的防卫能力很差，当夜间开箱检查时，工蜂容易离脾，但不会随便用蜇针攻击，这点刚好与意蜂相反，意蜂在夜间只要稍微揭开箱盖，手碰巢脾时就会立即被蜇。

十二、中蜂盗性强

发生盗蜂，一般是强群盗弱群，有王群盗无王群，缺蜜群盗有蜜群，无病群盗有病群。尽管这对饲养管理来说是一件头疼的事，但也是蜜蜂适应环境和优胜劣汰的一种自然选择。

十三、中蜂蜂群失蜂王后易出现工蜂产卵

中蜂失王以后，容易出现工蜂产卵（图 1-6），快者只需 3 天。

工蜂产的都是未受精卵，只能培育成小雄蜂。工蜂产卵将导致蜂群群势显著下降，因此，饲养中蜂应经常关注蜂群是否失王，以防工蜂产卵并提前做好处理准备。

图 1-6　工蜂产卵的巢脾

十四、中蜂造脾迅速

中蜂造脾又快又整齐，这是长期遗传下来的一种特性。中蜂在自然界生存，为了防御巢虫危害，常咬掉旧脾再造新脾；为了避开不良环境常要迁飞，另营新居。因此，造就了中蜂多泌蜡、快造脾的特性。由于中蜂不采胶，所以中蜂的巢脾洁白，但强度比意蜂巢脾差。但养蜂实践证明，同一流蜜期，意蜂的造脾速度要远远高于中蜂，可能与意蜂的群势强和蜂王产卵量大有关。

十五、中蜂好咬旧脾，喜新脾

中蜂喜新脾，常咬毁旧脾，通常出现在冬季、初春和越夏时期。冬季蜂团聚结在巢脾中心被啃咬的圆洞中，主要是为了便于传温和保温；初春咬脾是为了清理旧脾，造出新脾以供蜂王产卵，中蜂蜂

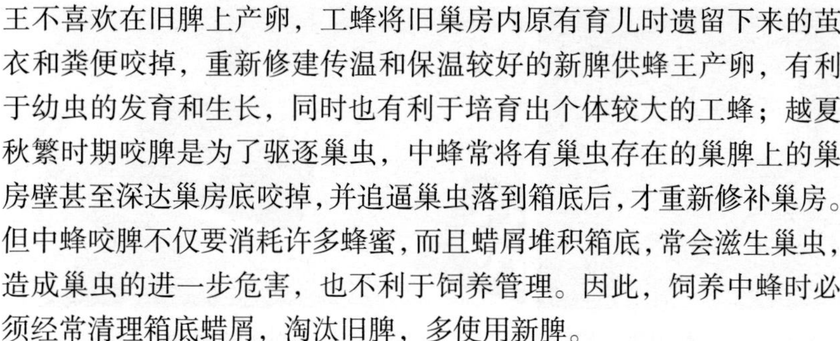

王不喜欢在旧脾上产卵，工蜂将旧巢房内原有育儿时遗留下来的茧衣和粪便咬掉，重新修建传温和保温较好的新脾供蜂王产卵，有利于幼虫的发育和生长，同时也有利于培育出个体较大的工蜂；越夏秋繁时期咬脾是为了驱逐巢虫，中蜂常将有巢虫存在的巢脾上的巢房壁甚至深达巢房底咬掉，并追逼巢虫落到箱底后，才重新修补巢房。但中蜂咬脾不仅要消耗许多蜂蜜，而且蜡屑堆积箱底，常会滋生巢虫，造成巢虫的进一步危害，也不利于饲养管理。因此，饲养中蜂时必须经常清理箱底蜡屑，淘汰旧脾，多使用新脾。

十六、中蜂抗病虫害特性

大蜂螨是中蜂的原始寄主，经长期互相抗争和进化，工蜂的蛹不容易寄生大蜂螨，因此蜂螨对中蜂已没有明显危害。只有少数螨寄生在雄蜂的封盖幼虫及蛹内（占雄蜂房 10% 以下），不造成危害，中蜂对小蜂螨（亮热厉螨）也具有抗性。

此外，中蜂幼虫很少感染美洲幼虫腐臭病，如果将已感染美幼病的意蜂子脾插入中蜂群内，中蜂会清理其中有病的意蜂幼虫，而从不传染本群幼虫。中蜂抗美幼病的机理是幼虫体内的血淋巴蛋白酶不同于西方蜜蜂，具有抗美幼病的基因。

此外，中蜂飞行灵活敏捷，在巢门口停留的时间很短，善于躲避胡蜂危害。胡蜂猖獗时，中蜂会在清晨和黄昏突击进行采集，以减少胡蜂及其他敌害的捕杀。若遇到小型胡蜂在巢门口侵袭时，中蜂守卫蜂数量增加至几十只，在巢门板边上排列成一行，一起摇摆腹部，突然紧缩翅膀一致发出“唰”“唰”声，以恐吓胡蜂。当大型胡蜂侵犯时，守卫蜂龟缩到巢门内，让来犯者进入巢门。胡蜂进入巢门后，巢门内附近的青年蜂立刻与胡蜂厮杀，扭成一团，由于在巢内厮杀，胡蜂无法逃脱，众多工蜂即可把胡蜂杀死。中蜂这种防御胡蜂（图 1–7）的能力远远超过西方蜜蜂。

但中蜂对囊状幼虫病（图 1–8）、欧洲幼虫腐臭病、蜡螟幼虫（俗称巢虫、绵虫）等抵抗力较弱。

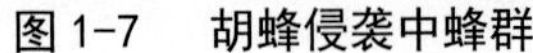

图 1-7　胡蜂侵袭中蜂群

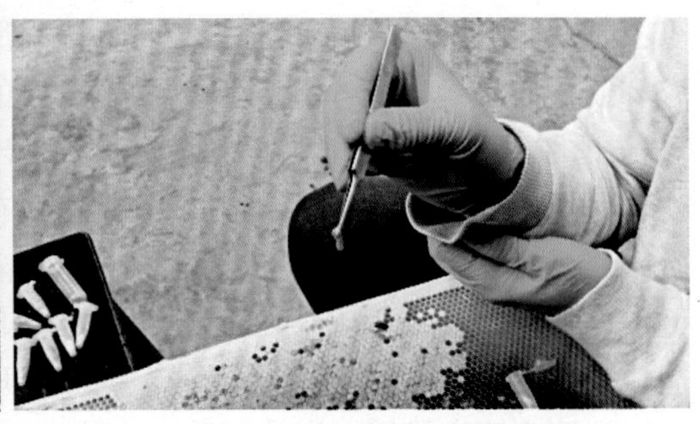

图 1-8　感病幼虫呈囊状袋样

十七、中蜂抗寒、耐热

中蜂抗寒、耐热能力强，具有完善的抗寒特性。中蜂个体的安全临界温度为10℃，意蜂为13℃。中蜂在气温5~6℃时出现轻度冻僵，2~4℃时开始完全冻僵，0℃时完全冻僵；意蜂在气温7~9℃时轻度冻僵，4~5℃时开始完全冻僵，2~5℃时15~20分钟完全冻僵。

中蜂在早春外界气温2℃时，即能出巢飞翔，早春和晚秋气温在7~9℃，夏季气温在35℃以上，都能较好地出巢。中蜂体小翅长，飞行迅速，行动敏捷，能很好地逃避山区天敌的捕食和不良的天气。采集勤奋，而且比意蜂出巢早、收工晚，全天采集次数多。中蜂耐寒的特性，有利于利用冬季的蜜源。

十八、中蜂蜂蜜日产量低

中蜂工蜂个体较小，单次采蜜量也比较少。即便是大流蜜期间，中蜂的日采蜜量也远不如意蜂。但中蜂勤劳，早出晚归，善于利用零星蜜源，而意蜂只善于利用大型蜜源；在同样零星蜜源情况下，意蜂还需要人工补充饲料，而中蜂则可以贮存到蜂蜜。

十九、中蜂蜜房封盖干白型

中蜂和意蜂的封盖类型有差异（图1-9、图1-10），中蜂蜜房封盖为干型，意蜂为中间型。蜜蜂将蜂蜜酿造成熟后，即分泌蜂蜡将蜜房封盖，成熟蜜糖浓度很高，具有很高的渗透特性（吸水性），使得生物无法在成熟的蜂蜜中生存，所以成熟的蜂蜜在自然密封条件下可以存放很长时间，一般来说可存放3年以上。

图1-9　中蜂全封盖蜜脾——干型

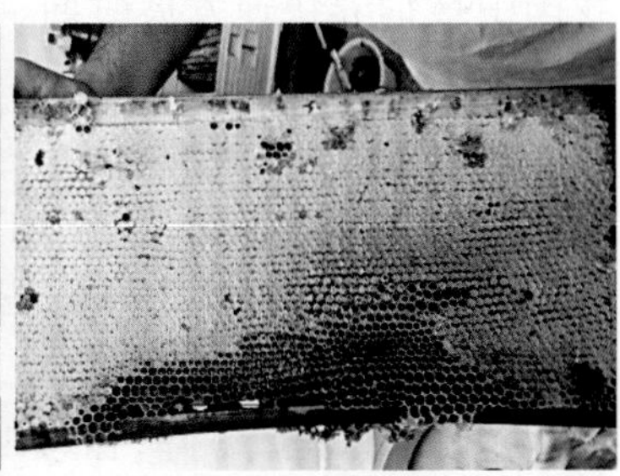

图1-10　意蜂全封盖蜜脾——中间型

二十、中蜂认巢能力差，易错投

由于中蜂认巢能力差，采集飞行返回时易错投，所以在饲养中蜂时，应遵循这一特性，尽量利用地形、地势的差异将蜂群分散排放，蜂群之间要有适当间隔。意蜂那种一排排整齐排列的摆放方式不适合中蜂。

第三节　中蜂饲养技术的发展历程

在古代，人们都用蜂蜜当作甜味品，也把蜂蜜作为药用品，《本草纲目》中也有多处记载蜂蜜的功效，因此，蜂蜜是大自然赐给人类最圣洁的食物。

我国人工饲养中蜂的历史可以追溯到2 000年以前。秦代（公元前306年）以前，人们开始以看护野外树洞、石洞内的中蜂进行原始的养蜂生产活动，获取蜂蜜。在西方蜜蜂引进中国以前，各地饲养的蜜蜂均为中蜂，多数处于野生、半野生状态。

20世纪20年代开始，西方蜜蜂被大量引入中国，受西蜂饲养技术的影响，中蜂养殖进入了活框饲养和传统饲养相结合的时代，即中蜂传统饲养技术和仿西蜂活框现代饲养技术交错发展。

20世纪50—60年代，由于中蜂现代活框饲养技术的推广，成为我国中蜂饲养快速发展时期。20世纪70年代初，中蜂囊状幼虫病的暴发，使我国中蜂业受到严重打击，蜂群数急剧下降，加上西方蜜蜂强大生产性能的吸引，使很多养蜂者放弃产量较低的中蜂，开始饲养西蜂。80年代，由于山区开发，蜜源植物资源受到严重破坏，以山区为分布重点的中蜂更是雪上加霜，养蜂需要大转地饲养，由于中蜂大转地生产性能不及西方蜜蜂，加剧了中蜂数量的减少。

由于中蜂基数下降，在与西方蜜蜂的种间竞争中，中蜂处于下风，使中蜂的饲养规模进一步削弱。原来以饲养中蜂为主的很多省份和地区，中蜂被迫退缩到山区，数量稀少。这种现象一直延续到21世纪初，2008年农业部组织对全国蜜蜂资源进行调查，加上新时期国家对蜂业重视程度的提高，中蜂养殖迎来新的发展机遇，目前，我国中蜂数量逐年递增，目前已经达到516万群（2014年数据）。

第四节　西方蜜蜂饲养技术对中蜂饲养的借鉴作用

一、活框饲养

活框饲养中蜂（图1–11），是实现中蜂饲养产业化、现代化的必由之路。采用活框蜂箱饲养中蜂，在操作上大致与西方蜜蜂相同，但由于中蜂过箱后蜂巢内环境发生变化，因而在饲养管理中有某些需要特别注意的地方。

图1–11　活框饲养的中蜂

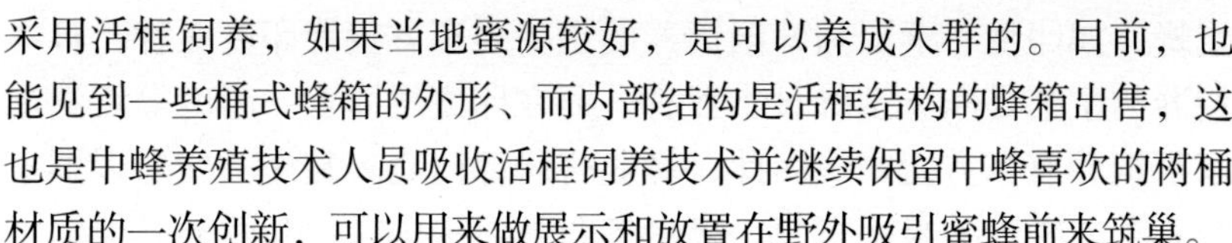

采用活框饲养，如果当地蜜源较好，是可以养成大群的。目前，也能见到一些桶式蜂箱的外形、而内部结构是活框结构的蜂箱出售，这也是中蜂养殖技术人员吸收活框饲养技术并继续保留中蜂喜欢的树桶材质的一次创新，可以用来做展示和放置在野外吸引蜜蜂前来筑巢。

二、规模化饲养

图 1-12　云南大关县规模化饲养的中蜂蜂场

国外养蜂的一个鲜明特点就是规模化，据报道，美国、加拿大和澳大利亚等国家的商业养蜂场，人均养蜂规模都在 1 000 群以上，最多的能够达到 15 000 群。规模化的最大优势就是产量和效益优势，并能够按照统一标准来进行饲养，实现产值的最大化。虽然短期内我国饲养中蜂还无法全面推广规模化饲养（图 1-12），但养蜂人可以多了解国外的养蜂现状，根据各自条件，有目的、有规划地逐步实现规模化，不断提高产量，实现产值的最大化。

三、蜂具的借鉴和参考

西方蜜蜂饲养中的一些蜂具可以直接借鉴到中蜂饲养上。借鉴国外在蜂具研究上的创新，对我们中蜂的科学饲养和规模化发展具有很好的促进作用。养蜂人可多借助网络，通过网络销售平台，多搜集西方蜜蜂的一些最新蜂具信息，不断消化、吸收西方蜜蜂优良蜂具的设计思路，再结合蜜蜂的生物学特性，通过消化和再创新，开发出适合中蜂饲养、符合国情的中蜂专用蜂具。

四、从亚洲其他国家饲养东方蜜蜂中借鉴新内容

中蜂只是东方蜜蜂的一个亚种，在亚洲还有许多国家饲养东方

蜜蜂，如印度、泰国和韩国饲养的主要是东方蜜蜂印度亚种，日本饲养的主要是东方蜜蜂日本亚种，而在印度尼西亚、越南等亚洲国家都饲养有东方蜜蜂。因此，蜂业科研部门应多翻译一些邻近国家饲养东方蜜蜂的最新资料，多借鉴、学习中国古代和亚洲其他国家在饲养东方蜜蜂上的一些成功经验。例如我国古籍记载的“豆腐格子蜂箱”和韩国流行的“方格小继箱”饲养东方蜜蜂的实例，从中探讨饲养中蜂的新思路，并经过改造后移植于活框饲养之中；科研人员在参加亚洲蜂业大会时还应担负起了解其他国家饲养东方蜜蜂的经验和成绩，通过交流共同提高东方蜜蜂的饲养水平。

第五节　中蜂养殖精准扶贫现状及发展趋势

一、我国中蜂饲养现状

近年来，养蜂业作为农业中的重要一环，逐年受到国家的重视，2005 年出台的《畜牧法》把蜜蜂列入其中，此后相继出台的《全国养蜂业“十二五”发展规划》和《养蜂管理办法》以及国家蜂产业技术体系的建立，对我国养蜂业起到整体推进的作用。20 世纪初，农业部开始试点国家蜂产业体系建设，在全国养蜂重点地区建立养蜂试验站，以试验站为示范基地，带动各省市蜂业发展。同时，国家对生态建设也高度重视，加强对山区生态的保护，使山区蜜源植物有所恢复，中蜂赖以生存的食物基础得到保证。另外，由于中蜂饲养在山区扶贫工作中发挥出色，引起了相关部门的重视。更重要的是，沿海地区很多原来饲养西方蜜蜂的养蜂者因年纪偏大，转而饲养中蜂，为我国中蜂的饲养积累了一批技术人才。以上各种原因都使中蜂饲养规模得以恢复和壮大。据 2014 年 10 月调查统计，全国重点中蜂饲养省份蜂群数达到 516 万群。与 2008 年统计结果（官方 280 万群，民间 396 万群）比较，均有大幅度增长。

从调查结果看，目前我国中蜂仍重点分布在华南和西南传统的分

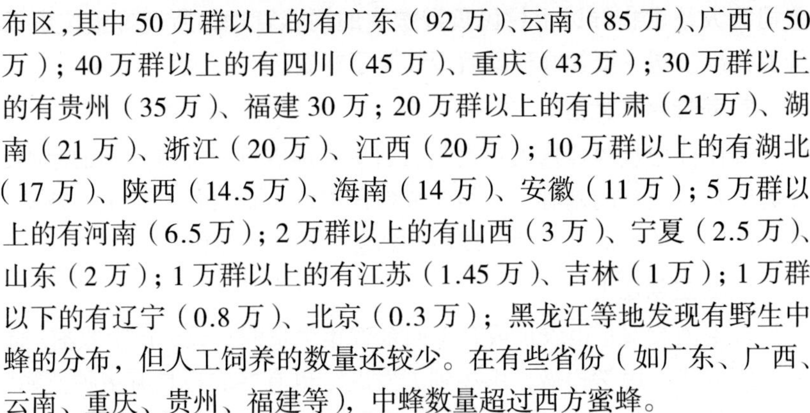

布区，其中50万群以上的有广东（92万）、云南（85万）、广西（50万）；40万群以上的有四川（45万）、重庆（43万）；30万群以上的有贵州（35万）、福建30万；20万群以上的有甘肃（21万）、湖南（21万）、浙江（20万）、江西（20万）；10万群以上的有湖北（17万）、陕西（14.5万）、海南（14万）、安徽（11万）；5万群以上的有河南（6.5万）；2万群以上的有山西（3万）、宁夏（2.5万）、山东（2万）；1万群以上的有江苏（1.45万）、吉林（1万）；1万群以下的有辽宁（0.8万）、北京（0.3万）；黑龙江等地发现有野生中蜂的分布，但人工饲养的数量还较少。在有些省份（如广东、广西、云南、重庆、贵州、福建等），中蜂数量超过西方蜜蜂。

二、养蜂扶贫及应注意的问题

中蜂养殖作为传统农业的重要组成部分，在拉动经济增长方面发挥着重要的作用。尤其是在贫困山区脱贫致富方面，中蜂养殖发挥了得天独厚的优势。中蜂养殖是一项投资少、风险小、见效快、收益大的传统养殖业，可作主业，也可作副业，农村留守老人、妇女以及部分残疾人都可以操作，是经济落后的山区农民一条脱贫致富的重要途径。在全国开展的精准扶贫行动中，各地扶贫工作干部在深入一线的调查中逐步发现，在一些偏远山区，将中蜂养殖作为重点扶贫项目，投资少、见效快，效果十分显著。

（一）中蜂养殖扶贫的几种主要模式

1. 政府主导型

政府主导型是由政府部门以扶贫项目的形式，在确定贫困村贫困户的基础上，根据项目资金的多少，采购蜂种及相应的蜂具，免费发放给贫困村民，然后请专家或当地养蜂能手传授养蜂技术，由农户自己饲养，项目方不定期进行检查。蜜蜂产权和所产的蜂蜜均为农户所有。

2. 企业带动型

企业带动型是由企业（公司）出资，采购蜂种，免费发放给村民，公司派人技术指导，由村民负责蜜蜂的饲养管理，所产蜂蜜按市场价上交给公司，抵扣蜂种款后蜜蜂属于蜂农。

3. 养蜂合作社型

合作社型是由养蜂大户发起，召集当地养蜂户，以自愿的原则，在家庭自主经营的基础上，组织成农民养蜂专业合作社，统一技术、统一产品质量、信息共享，逐步达到统一销售的目的。

4. 自主创业型

自主创业型是由农户或打工回乡青年少量购买或到山上收捕“野蜂”的方式，边学边做，由小到大发展。也有些农户具有多种技能，比如养殖、木工、农产品加工等，由于爱好养蜂，把养蜂当成家庭副业。还有一些属于养殖示范户，由于养殖技术水平较高，被科研单位树立为养蜂示范基地，技术人员不定期对蜂场进行技术指导，并委托示范户来带动当地其他蜂农学好养蜂技术。科研单位支持一部分饲料费用等支出，所产蜂产品收入归示范户所有，也可由科研单位技术人员代售。附近农户还可以到示范基地学习养蜂技术，并从基地购买蜂群自己饲养。

（二）中蜂养殖扶贫应注意的问题

1. 合理引导开发当地蜜粉源

在开展养蜂扶贫工作之前，应首先了解当地的主要蜜源种类。通过走访调查，充分了解当地的蜜源种类、分布和大致数量，这关系到具体某个乡镇、某个村落能养多少蜂的问题，如果盲目大力发展，蜜粉源少，将影响扶贫工作的推进。因此，各地开展养蜂扶贫的部门最好请有经验的养蜂师傅或养蜂研究机构的专家实地考察、评估后再作决定。

小规模蜂场，中蜂多为定地饲养，较大的蜂场除定地饲养外还要小转地，充分利用不同地方的蜜粉源。为了持续发展形成规模，还应补充种植蜜粉源。扶贫单位应根据各地具体情况，在全年蜜源短缺季节，提前种植一些辅助蜜源，如力争政府和扶贫单位的支持，供应一些蜜粉源植物种子,并大量种植。如湖南一些地方的政府部门,为当地养蜂人免费提供紫云英种子，促进了当地蜜粉源植物的多样化，解决了蜜粉源缺乏季节的蜂群发展问题。政府部门还应联合各地园林及城市绿化部门，在退耕还林，在新修铁路、高速公路、乡村公路两边绿化时多种植泌蜜的城市绿化植物和园林景观植物，如杜英、栾树、乌桕等，当这些蜜粉源植物开花时，就是永久性的蜜库，为养蜂脱贫打下了良好的基础。

2. 以技术为先导，注重提高养殖技术

养蜂是养殖业中的特殊行业，对技术的要求比较高。大力发展中蜂产业，离不开政府等主导部门的培训。而对于零基础的学员来说，参加培训班的效果并不理想，应首先让这些想从事养蜂的新手跟着养蜂师傅先学习技术，对养蜂有一定认识后，再参加培训班，效果会提升很多。因此，养蜂管理和科研部门在组织养蜂培训时，应考虑学员的文化水平和对养蜂的了解，要选有文化、视力好、爱养蜂、乐于助人为乐的中青年，培养他们成为骨干，通过观摩、外出参观学习，拜师学艺，学成之后，再指导实施传帮带。

3. 规范养殖，做好示范，适度规模化发展

在养蜂培训时，应大力宣传规范养殖技术，选取示范蜂场，通过示范作用，组织蜂农参观学习。没有机会参加培训的蜂农，也应该加强与当地养蜂大户建立联系，积极主动地参观学习，不断提高自己的养蜂水平。只有技术过硬，才能大力发展，实现规模化养殖，而规模化养殖是实现高产丰收和效益最大化的基本条件。

4. 做好宣传，注重质量，可持续化发展

传统养桶蜂，每年只取 1~2 次蜜，即天然的成熟蜜，其浓度可达 42 波美度左右，贮存几年也不变质，这也是很多消费者喜欢买中蜂蜜的原因。而未封盖的蜂蜜摇出后由于水分多，容易起泡发酵变酸。因此,从事中蜂养殖的蜂农从一开始就应该树立质量第一的思想,只有质量过关，才能赢得消费者的信任，获得永久的市场，取得可持续增收和大力发展。

5. 注重营销，建立多元化销售网络

中蜂主要产品是蜂蜜。虽然与国外进口蜂蜜相比，中蜂蜂蜜的价格并不算高，但目前国内中蜂蜂蜜的价格已经普遍突破 200 元 /kg，有些地区的价格还会更高。由此可见，中蜂蜂蜜在市场上颇具价格优势，这种农村中的“土蜂蜜”质好价高，消费者也能够接受。这种价格优势，对开展养蜂扶贫和脱贫致富具有非常好的示范作用。除蜂蜜外，我们鼓励当地养蜂大户通过卖中蜂蜂群和蜂王等方式大力发展当地的中蜂数量，卖种蜂也是增加收入的重要手段，每脾种蜂价格已突破 100 元，鼓励养蜂户自繁自养，做大做强当地的养蜂业，逐步实现贫困社员养蜂脱贫。

随着扶贫工作的深入，贫困山区生产的优质中蜂蜜的产量逐年增加，产品的销售直接影响到蜂农的利益。但随着我国农村互联网和物流的普及，问题将被逐一解决。政府还应加大宣传力度，通过扶贫单位入村对口扶贫，逐步将城市中流行的销售模式推广到农村，同时将贫困山区的蜂产品通过网络介绍到城市，逐渐建立多元化销售网络。真正实现“小蜜蜂大产业”，让更多农户达到脱贫和长久致富的目的。

三、目前我国中蜂饲养存在的问题

1. 中蜂从业人员数量下降

由于环境等原因，加上技术缺乏和宣传不到位等，部分省份已无人工饲养的中蜂，如黑龙江等，调查发现，很多地区几乎无人饲养中蜂。造成这一现状的原因很多，除当地气候因素外，养蜂人技术水平低，导致人工养殖数量减少是可能的主要原因；一些省份由于西蜂饲养量较大，产量高，导致中蜂分布区域退缩到山区，长此以往，由于中蜂和西蜂生态位的竞争，对中蜂的分布十分不利。

2. 行业标准缺乏制约中蜂产业规模化发展

3. 养蜂员年龄严重老化，不能适应规模化饲养

4. 中蜂囊状幼虫病周期暴发和不合理引种导致中蜂病害加剧

中囊病暴发时常造成养蜂人损失严重，目前也未见特效防控技术。不同类型中蜂进入其他类型分布地，造成不同类型中蜂资源受到破坏，在个别地区也可能引起病害严重发生。

四、野生中蜂的适应性对饲养中蜂的启示

从历史上看，在人工饲养蜜蜂中，主要治疗的蜂群疾病是各种寄生虫和病原菌，而蜜蜂与这些寄生虫和病原菌之间也存在相互竞争的关系，这种竞争关系的存在，意味着蜜蜂在与这些疾病对抗的竞争中可能存活下来，从而产生对某种疾病的抵抗性。而人类在饲养蜜蜂中对蜂群的干预，打破了它们之间这种竞争性的平衡关系，尤其是人为原因将大蜂螨从东方蜜蜂这一原始寄主传播到西方蜜蜂蜂群并蔓延全球。除此之外，蜂箱小甲虫从非洲撒哈拉以南地区逐渐扩散，白垩病和蜂螨也已从欧洲不断蔓延至全球。仅大蜂螨这一种寄生虫就能导致每年数百万蜂群的死亡。因此，野生中蜂及人为干扰较少的中蜂群，一般对病虫害的抵抗性要强于商业化饲养的蜂群，从而，野生中蜂给我们的一些启发，有助于提高中蜂的饲养技术。

1. 留足饲料，减少人为饲喂

中蜂善于采集零星蜜源，采集的植物种类也较多，花粉多样性和营养对蜂群健康极为重要。一项研究发现，饲喂多源植物花粉的蜂群寿命要长于饲喂单一植物花粉的蜂群。养蜂中应为蜂群留足饲料，减少或杜绝饲喂人工花粉，主要是因为替代物达不到天然花粉的营养效果，因此繁蜂效果不如采集天然花粉好，同时还可能导致工蜂质量下降。

2. 减少人为对蜂群进化的干扰

人工饲养过程对蜂群进行疾病防治时，干扰了蜜蜂与其寄生虫或病原菌之间的这种宿主－寄生之间的竞争关系，尤其是减少了蜜蜂对病害抵抗力的自然选择。在北美和欧洲大部分地区，人工饲养

的西方蜜蜂对大螨表现出很低的抵抗力，而大部分野生蜂群，均对大螨表现出较强的抵抗性。另外，在蜂群管理中使用的抗生素和杀螨剂，也干扰了蜜蜂肠道微生物的平衡。

五、未来展望

我国是世界第一养蜂大国，养蜂数量和蜂产品产量均居世界第一位。改革开放以来，我国蜂业得到了长足的发展，尤其是近 10 年来，整个蜂业行业发展最为迅速，中蜂产业的发展也迎来了新的机遇。但高速发展也带来一系列问题，如蜂种退化严重、蜂药不当使用造成的耐药性日趋严重、蜂螨危害持续扩大、蜜源数量下降、中蜂和西蜂饲养的生态位竞争等。为了保持我国蜂业的可持续发展，相关部门，尤其是政府和科研单位，应该在蜂业高速发展的同时，多思考我国蜂业未来的发展，即要走可持续发展的蜂业发展道路。

中蜂与中国不同类型生态系统之间存在着千丝万缕的联系，与中国数以万计的生物物种相互依存、协同进化，许多植物的授粉必须依靠中蜂访花才能完成。而大力发展中蜂产业，不仅能够带动农民脱贫致富，也为我国山区植物的生物多样性提供授粉保障。为此，政府应鼓励民众关注中蜂，重视中蜂这一本土蜂种，鼓励更多年轻人参与到中蜂产业中。年轻人一般都能接受新鲜事物，对新科技、新技术吸收接纳能力都较强，更多的年轻人参与到养蜂事业，可为我国蜂业发展积累更多的一线养蜂技术人员。另外，蜂业管理部门还应继续加强培训力度，不断提高蜂业从业人员的技术水平和认识水平，促进我国中蜂产业的快速发展。还应借鉴国外先进的养蜂技术和养蜂理论，遵循蜜蜂生物学，加大蜜源的种植数量，加强蜜蜂保护区的建设。此外，应逐步实现蜂业立法，保护养蜂人的利益，保护野生蜂群不受危害，不断丰富我国天然蜜蜂种质资源基因库。

第二章 中蜂群春季管理

春季是蜂群繁殖的关键时期，这期间，外界有零星的蜜粉源植物开花（图 2–1），有利于蜂群的繁殖。但同时，大部分省份在春季尤其是早春，气温偏低，时常还有寒流出现，长江中下游的一些省份还在春季后期转为阴雨绵绵的梅雨低温天气，这种气候条件，对蜂群的繁殖极为不利。因此，在春季做好蜂群的管理尤其重要，关系到全年养蜂的成败。

图 2–1　采集蚕豆花的中蜂

第一节　春季蜂群的内部状况检查

在早春，一般在 2 月中旬至 3 月中旬，天气温暖之际，蜜蜂就会出巢飞翔排泄，排出腹中整个冬季积存的粪便。越冬顺利的蜂群，蜜蜂飞翔有力，蜂群越强，飞出的蜜蜂就越多，这时要注意观察蜂群的活动情况。而越冬不顺利的蜂群，蜜蜂出巢活动时常可见到：蜜蜂的腹部膨胀，有的趴在巢门板上排泄，说明蜂群在越冬期饲料不良或箱内过于潮湿；出巢蜂少，出巢迟缓，飞翔无力，说明群势弱。如果从巢门出来的蜜蜂无秩序地乱爬，侧耳靠箱可听到箱内混乱的声音，该群则可能已失王。

一、春季中蜂蜂群的内部变化

冬季温度降低时，蜂群活动量压缩，主要是以微弱的生理活动、结成越冬蜂团，处于半蛰伏状态越冬。一旦温度等气候条件合适，便恢复活动。在北方，早春从 3 月上中旬外界逐步开始有自然花粉，蜂王最早于“立春”后（2 月上中旬）开始产卵。

早春蜂群的变化是：越冬老蜂每日死亡数超过幼蜂出房数；蜂群内的蜂数由多变少，群势出现下降趋势。蜂王的产卵量，随着外界气温的升高，蜜、粉源的大量出现和工蜂的日渐活跃，由少到多逐渐增长。从蜂王产卵到新蜂出房，最后新蜂替代老蜂，达到蜂王开始产卵时的群势。这段时间一般称之为蜂群的“恢复期”。从恢复阶段后期到蜂王产卵开始下降，巢内刚出现分蜂热，这段时间一般称之为“发展阶段”。春季气候寒冷、多变，蜂群群势较弱。

二、早春蜂群内部状况检查的内容

早春中蜂在经过排泄飞行后，要全面了解蜂群越冬后的情况。在天气晴暖的中午，外界气温不低于 14℃时，进行第一次全面检查，了解蜜蜂的越冬情况、贮蜜多少、有无蜂王、产卵情况、群势强弱等（在 2 月底或 3 月上旬进行）。

根据检查结果采取相应的管理措施。若失王的，要及时进行合并；缺蜜的蜂群及时补充饲喂，或加入蜜脾，同时，适当饲喂盐和水。另外，要抽出空脾，密集群势，调整好群势；及时清扫巢箱底部的蜡屑和死蜂，翻晒并更换已经潮湿的保温物。检查操作时要注意轻、快，以防挤伤蜂王和时间过久造成巢温散失，引起盗蜂。

三、春季蜂群管理的主要任务

要保证越冬后的中蜂群能够顺利得到恢复和发展，以便适时、充分地利用当地的主要蜜源。蜂群管理工作的主要任务是：做好越冬蜂的更新和蜂群增殖发展两个阶段的管理。同时，在蜂群发展的初期，就要开始做好病虫害的预防工作，其要点是：在春季气温较低时，先将蜂群中的弱群适当合并，缩小巢门，做到蜂多于脾，提高蜂群的保温能力、哺育能力和清巢能力。在发展中期，如果遇到幼虫病暴发，及时断子清巢，减少传染源；保证饲料充足，在奖励饲喂的同时，可以适当添加一些抗菌和抗病毒的中草药进行提前预防。

第二节　适时促进蜂王产卵和工蜂排泄

一、促蜂产卵

春季对蜂群进行适当饲喂，可促进蜂王早产卵，从而促使蜂群快速发展。饲喂时遵循“该喂则喂，该取则取”的原则，喂蜂的饲料，主要有蜂蜜（糖浆）、花粉、水等。这些饲料一定要质量优良，切勿用来路不明的蜂蜜和花粉，以防蜂病传染。红糖、散包糖、饴糖、甘露蜜等不能用作越冬饲料糖。

另外，春季是各种细菌病复发的季节，要提前做好防疫工作，如提前做好蜂具消毒工作，对于箱底死蜂较多和蜡屑较多的蜂群，及时换上消毒过的新蜂箱。此外，对饲料也要做好消毒灭菌的准备，特别是春季补喂的花粉必须做好消毒处理。由于饲喂中蜂的花粉绝大部分属于西方蜜蜂采集的花粉，而这些花粉也可能是一些细菌或真菌的传染源，因此，在饲喂之前，一定做好消毒灭菌处理，严防因工蜂肠道受其感染引发各种蜂病以及爬蜂病。

（一）饲喂花粉

花粉是蜂群育儿的蛋白质饲料，早春外界无粉源或长期阴雨天气，采集蜂难以采回花粉时，应给蜂群补充花粉。若头年秋天有脱下的花粉团，可用蜜水调和成糕状，放在框梁上让蜜蜂取食。周围蜂场较多或易发生盗蜂的时期，也可用蜂蜜水或糖浆把花粉调制成团状，直接抹在靠近蜂团的巢脾上或放在框梁上供蜂食用。但一般若外界有零星蜜源或粉源，中蜂常常不食用人工饲喂的花粉或糖水。早春时，养蜂人应根据当地的气候和蜜粉源条件，适时饲喂花粉（图 2-2）。

图 2-2 春季用花粉团饲喂蜂群

（二）喂水、喂盐

早春蜂群繁殖，采集蜂要到河边采水调和蜂粮、饲喂幼虫，但是因天气寒冷，往往被冻死，所以要在巢内喂水，并往箱后潮湿处撒少量食盐让工蜂采食。

（三）奖励饲喂

为了刺激蜂王产卵和工蜂哺育幼虫的积极性，常用稀薄蜜水或糖浆饲喂蜂群，即奖励饲喂。奖励饲喂可刺激蜂王多产卵，提高工蜂造脾、育虫、采集的积极性。实践证明，奖饲群相比于非奖饲群，蜂量可增长 1 倍以上。因此，当外界有零星蜜粉源，即可进行奖饲。奖励饲喂时，用成熟蜜 2 份或白糖 1 份，加净水 1 份进行调制，每日每群喂给 0.05~0.1kg。次数以不影响蜂王产卵为原则，并且要遵循“宜少不宜多，宜淡不宜浓”的原则。饲喂应选在晚上进行，饲喂盒内要放浮漂，防止蜜蜂淹死，一直奖饲至主要蜜粉源开花泌蜜。

二、促蜂排泄

蜜蜂在越冬期间粪便积聚在大肠中，常使大肠膨大好几倍。当气温达到一定温度时，蜂王便开始产卵，蜜蜂为育虫和调节巢温，饲料消耗增加，使蜜蜂大肠中的粪便积累加快。因此，为保证蜜蜂的健康，越冬结束春繁开始前，必须创造条件，促进蜜蜂飞翔排泄。

在北方，一般选择晴暖无风、气温在 8℃以上的天气，取下蜂箱上部的外保温物，打开箱盖，让阳光晒暖蜂巢。促使蜜蜂出巢飞翔排泄。如果蜂群系室内越冬，应选择晴暖天气，把越冬蜂搬出室外，两两排开，或成排摆放，让蜜蜂爽身飞翔后进行外包装保温。排泄后的蜂群可在巢门挡一块木板或纸板，给蜂巢遮光，保持蜂群的黑暗和安静。在天气良好的条件下，可让蜜蜂继续排泄1~2次。在南方，由于春季气温回暖较快，1月底2月初就有部分蜜源开花流蜜，因此，应抓住天气晴朗的时间，掀开箱盖，促使蜂群排泄。

第三节　蜂群保温

一、早春进行人工保温的意义

中蜂虽然耐寒力较西方蜜蜂强，但它孵育蜂子的适宜温度在33~34℃，早春气温低，只靠蜜蜂自身的调节是不够的。为了使蜂巢内温度不易散失，较稳定，减少蜜蜂的劳动强度，延长其寿命，提高哺育能力，需要采用人工保温措施。具体操作要点如下。

（1）密集群势。蜂巢中心温度达到35℃蜂王才会产卵，蜂子才能正常发育。早春检查蜂群时首先要做的工作是应尽量抽出多余的空脾，使蜂群中蜂脾相称或蜂多于脾，待第一批新蜂出房时，再逐渐加入巢脾，供蜂王产卵。

（2）双群同箱。强群采用双群同箱繁殖。

（3）蜂巢分区。早春，把子脾限制在蜂巢中心的几个巢脾内，便于蜂王产卵和蜂儿发育。边脾供幼蜂栖息和贮存饲料，也可起到保温作用。

（4）预防潮湿。潮湿的箱体或保温物都易散热，不利保温。因此，早春场地应选择在高燥、向阳的地方。当气温较高的晴天，及时翻晒保温物。

（5）调节蜂路和巢门。气温较低时，应缩小蜂路和巢门。风大降温的夜间，巢门有时可关闭。

（6）糊严箱缝，防止冷空气侵入。

（7）慎重撤包装。随着蜂群的壮大，气温逐渐升高，慎重稳妥地逐渐撤除包装和保温物。

二、人工保温的措施

早春繁殖期间，保温工作十分重要，首先应缩小巢门、紧缩巢脾；缩小巢门可以减少冷风从巢门进入巢内；紧缩巢脾使蜜蜂密集，防止子脾受冻。根据气温条件，选择进行箱内保温或箱外保温，有的地区还采用双王同箱饲养来增强保温。

（一）箱内保温

抽出巢内多余的空脾，保持蜂多于脾；在隔板外添加棉絮或干草保温物；巢框上面加盖覆布、棉垫、报纸或草纸，蜂箱前后纱窗垫上报纸；糊严蜂箱缝隙。具体操作见图 2-3 至图 2-7。

图 2-3　将保暖稻草放入蜂箱一侧

图 2-4　在保暖稻草中间加入隔板

图 2-5　将要保暖的蜂群放入隔板中间

图 2-6　放入饲喂盒

图 2-7　盖上保温棉布

（二）箱外保温

在蜂箱底垫 10~13cm 厚的干草；箱后和两侧也用 10~13cm 厚的干草包裹严实；箱盖上覆盖草帘，再盖塑料布防止雨雪淋湿，夜晚防止冷风吹入巢门。白天或晴天掀起塑料布使群内与外界空气流动畅通。

（三）双王同箱饲养

在一个蜂箱中放两群蜂，中间用大隔板隔开，隔板竖着放在蜂箱中间，用图钉钉上覆布，确保蜂王不会互相通过。两边各开一个巢门，适用于较弱小群，两群蜂可以互相取暖，便于保持巢温。

第四节　加脾扩巢，适时分蜂

春季扩大中蜂群产卵圈

产卵圈（图 2-8）的大小关系到蜂群增殖速度的快慢。春季繁殖时不能用取蜜的方法扩大产卵圈。若产卵圈偏于巢脾的一端时，将巢脾前后调头；子圈小的脾调中间，子圈大的脾调两边；逐步从里到外割开封盖蜜盖，扩大供蜂王产卵的空间。

图 2-8　中蜂的产卵圈

（一）加脾扩巢

春季蜂群经过恢复，当新蜂不断出房、蜂数迅速增加、气候温和、蜜源丰富时，可充分利用蜂王的产卵积极性和工蜂的哺育力，适当扩大蜂巢。及时给蜂巢内添加空脾或巢础，只要每张巢脾60%的巢房都产上卵，而且蜂多于脾时就可加第一张脾；第二次加脾可以“脾略多于蜂”；第三次加脾要等到蜂数密集到一定程度后（蜂脾相称或蜂多于脾）再加。加脾的原则是：先紧后松，再紧。

中蜂喜新脾，爱咬旧脾，所以在加脾时尽量选较新的巢脾。加脾时先喷上温热的稀蜜水，加脾的当天晚上开始进行奖励饲喂。当外界出现零星蜜源时，应该充分利用中蜂泌蜡造脾能力强的特性，直接加入巢础框造脾。

（二）淘汰老王更换新王

春季蜂群发展迅猛，蜜源流蜜时是更换老王的最佳时机。蜂王随着日龄的增加，繁殖率开始下降，容易产生王台，造成提前分蜂，不利于蜂群的发展和强群的繁育。而新蜂王产卵旺盛，能够维持大群，在蜜源和气候较好的季节，能够快速发展成强群，增强蜂群的采集力。

（三）人工分蜂

中蜂有爱分蜂的习性，既是中蜂不易管理的缺点，也是其最大的优点之一。我们可以利用中蜂爱分蜂的特性，人为分蜂，可以快速发展养蜂规模，但前提是一定要在蜜源和气候适合的情况下，不要盲目分蜂追求规模。分蜂会减少群势，影响蜂群的采集力，所以，分蜂时一定要注意气候的变化，以防天气骤变，温度降低，造成病害滋生。人工分蜂的具体方法如下。

（1）提前育王 。

在流蜜季节，检查到蜂群发展迅速，应提前做好分蜂准备。在蜂群中可以看到雄蜂时，即可着手人工育王，具体操作流程如下（图 2-9 至图 2-14）。

图 2-9　将蜡碗棒在清水中蘸一下

图 2-10　放入蜂蜡中蘸蜡，再放入水中冷却后取下蜡碗

图 2-11　用蜂蜡将竹条粘在育王框上

图 2-12　将蜡碗育王用蜂蜡粘在竹条上

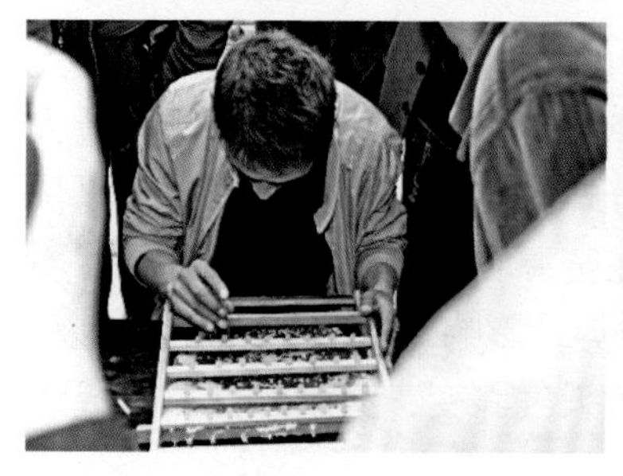
图 2–13　移取 1~2 日龄的幼虫

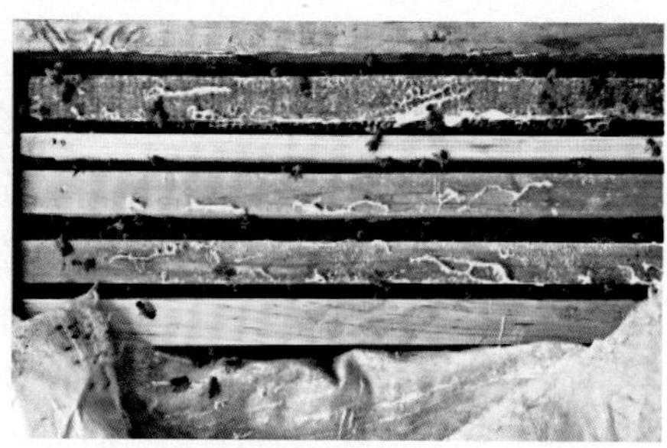
图 2–14　将育王框放入原群让工蜂哺育

（2）组织交尾群。

计算王台出房时间，日龄最好在 1~2 日龄，一般在移虫后的第 10 天必须将所培育的成熟王台介绍到交尾群中。因此，要在移虫后第 8 天或第 9 天傍晚（诱入王台前 2 天，根据蜂群情况，一般让蜂群失王 1~2 天）组织交尾群。其方法是：每个交尾群从蜂群中抽取 2~3 脾带蜜和工蜂的成熟蛹脾，关闭 1 个晚上，第二天清晨打开巢门，一般老年工蜂都会返回原群，等到第二天傍晚开箱检查一次，根据蜂脾比例，如果工蜂不多，这时提出 1~2 张子脾放回原群，保证蜂脾相称（图 2–15，图 2–16）。

图 2–15　选取强群，检查蜂王，提出 2~3 脾带子的巢框

图 2–16　将提出的脾放入原群旁边的蜂箱中（蜂群排列与原群最好不要平行）

（3）介绍王台。

让蜂群继续失王，两天后检查并清除改造王台后诱入人工培育的王台（图 2–17，图 2–18）。

图 2-17　王台出房前 1~2 天用刀轻轻割下王台

图 2-18　介绍王台

（4）检查产卵与否。

蜂王介绍后，隔 1~2 天后，选择早上或傍晚，检查蜂王出房情况。若出房，记录出房时间，4~5 天后观察产卵情况；若介绍王台 3~4 天王不出房，则蜂王可能已死，这时应及时补一个王台或老王，以防工蜂产卵。

也有蜂农推荐，介绍新王时保留较好的老王，带 1~2 脾，组成一个双王群（另一群介绍王台前短暂失王），蜂箱前后都应有巢门，中间用闸板隔开。以后满箱时提前把后门打开，让蜂习惯出入，放王台，关有后门的前门，王台出房后交尾成功就是双新王群，不成功合并也是一个强群。

（5）注意事项。

交尾群一定要相离较远，错落放置，巢门不能面向一个方向（图 2-19）。由于中蜂（包括中蜂蜂王）迷巢非常严重，交尾场地最好是两个地方，距 1~2km 即可。也可以大群放王台，但相邻近的蜂箱都要放，尽量将巢门另移一个方向，避免蜂王错投。当天拿走老王当天放王台，工蜂不啃台，新王出房 3~4 天必须把急造台清干净。由于大群新王不啃台，如果有王台快出房，提前 2~3 天处女王也会跑。10 天后检查新王，成功做标记，不成功则用交尾群的新王重新介绍，没有新王就放老王，千万不要再放王台，如果失王，工蜂容易产子，把工蜂产的子割掉或用水冲掉拿出；头一天在失王群内放一张幼虫子脾再介绍，在这期间还需要清王台。新介绍的王群也要做标记，做到心中有数，保证万无一失。

在发展中蜂养殖时，应注意慎重引种，很多蜂友从全国不同地区引种，然后再进行人工育王，替换掉本场中不好的蜂王。从外面引进蜂群，最大的风险不是杂交的劣势，而是抗病性的问题。不良引种和乱引种会导致病害的传播。尤其是囊状幼虫病，中蜂对该病抗性较差，近年来，很多地区，尤其是西南地区，囊状幼虫病病毒大规模的暴发，主要原因可能是引种混杂造成的。而选育本地蜂种并大面积推广，是解决这一问题最好的办法。

图 2-19　分散摆放的中蜂群

我们提倡自繁自养本地蜂种，不从疫区购买蜂群，以免相互感染。饲料应用自产的蜂蜜、花粉。从外地购进旧蜂箱应严格消毒后再使用，本蜂场发生蜂病，应立即隔离治疗，不要将病群巢脾任意调入健康蜂群，以防交叉感染。每年对蜂箱、巢脾消毒 1 次以上。

第五节　病虫害防治

一、中蜂囊状幼虫病

（一）囊状病的发病规律及症状

春季由于气温较低，各地蜂群发展参差不齐，个别蜂场由于春繁管理等原因造成蜂群感染囊状幼虫病。囊状幼虫病病毒潜伏期 4~7 天，在 5~6 日龄大幼虫阶段出现明显的症状，头部离开巢房壁翘起，形成钩状幼虫，虫体由苍白色逐渐变为淡褐色（图 2-20）。此病中蜂抗性很弱，发病具有明显的季节性，南方多发生于 2—4 月和 11—12 月；北方发病较晚，一般出现在 5—6 月。

图 2-20　感病变色的幼虫

初期患病的幼虫不封盖即被工蜂清除，蜂尸不腐烂，无臭味，易被工蜂清除；病虫死亡后，巢房下陷，中间穿孔。蜂王重新在新清理的空巢房里产卵，形成“花子”（图 2-21）及“穿孔”（图 2-22）现象，逐渐干枯呈龙船状鳞片（图 2-23）。患病初期主要诊断依据为“花子”或出现埋房现象。病害后期出现“尖头”（图 2-24）、“囊状”（图 2-25）、“龙船状”（图 2-26）。

图 2-21　感病造成的“花子”现象

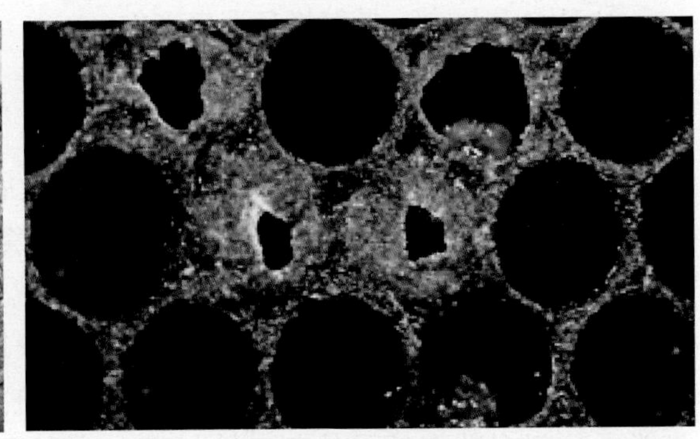
图 2-22　穿孔现象

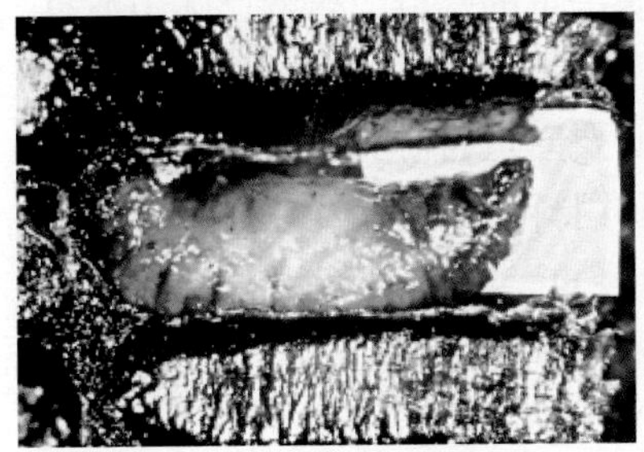
图 2-23　龙船状感病幼虫

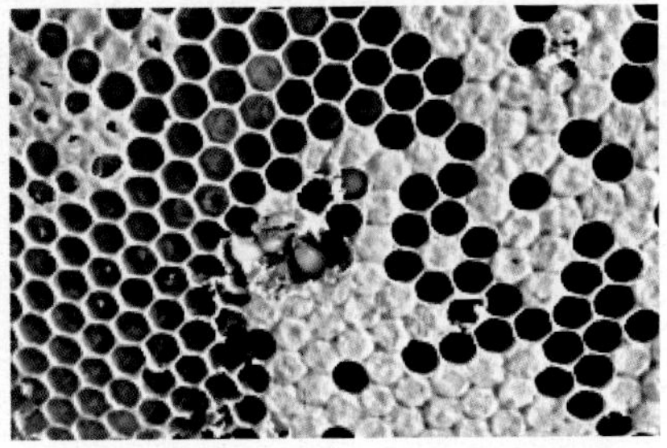
图 2-24　囊状病典型的尖头症状

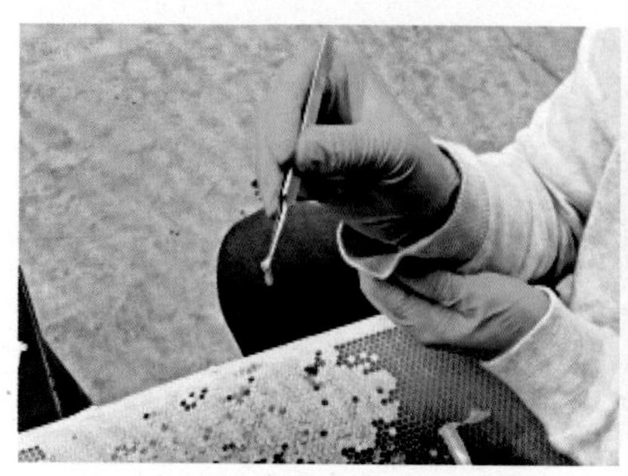
图 2-25　感病幼虫呈囊状袋样

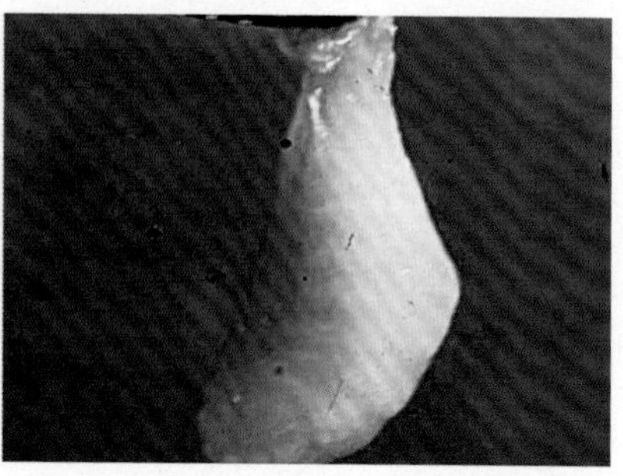
图 2-26　感病幼虫呈囊状袋样放大图

（二）囊状幼虫病的防治方法

（1）加强饲养管理，预防为主。

① 秋冬和早春，做好蜂具消毒工作。

② 稳定巢内温度，避免蜂群受冻 。

③ 及时检查蜂群，确保蜂群饲料充足。

④ 断子清巢，阻隔病原传播，控制病情发展。

蜂群发病时，一定要断子清脾。通过幽禁蜂王或换王的方法，人为造成一段时间断子，让工蜂清扫巢脾，减少幼虫重复感染。在断子时，要对蜂箱和巢脾进行消毒。蜂箱和巢脾的消毒，可用漂白粉、次氯酸钠或在卫生防疫站购买消毒药剂进行洗刷、浸泡，因这些消毒药剂多数有较强的刺激性气味，洗刷后要用清水充分冲洗。蜂箱洗刷完后在太阳下晒 6~8 小时方可使用。巢脾在冲洗完后要隔 1~2 个晚上才能放回蜂群。对于患病严重的蜂群，蜜蜂已无力清巢，应把巢脾烧毁，另外调无病或经消毒过的巢脾，做到蜂多于脾。加强保温，保持蜂群有足够的饲料，必要时进行补充饲喂，用白砂糖，不要用蜂蜜。注意要饲喂一些蛋白质饲料和维生素类等。

（2）一旦发现蜂群感病，不论轻重，首先应将病蜂搬迁隔离，再对病蜂群进行关王断子，紧脾，确保蜂脾相称或蜂多于脾；再从抗病群或无病群中移虫育王，也可将利用健康群中产生的自然王台给病群换王，再结合常规药物控制，一般可治愈突发的中囊病。

（3）选育抗病品种，并全场推广。

（4）药物防治。

对于患病蜂群可采用以下中草药配方进行药物防治。

① 金银花 50g，甘草 25g，半枝莲 50g，贯众 50g，将药放入容器内加适量水，一般以淹没药为宜，煎煮后，过滤，取滤液，按 1∶1 的比例加白糖，配成药液糖浆喂蜂，上述每一剂量可喂 10~15 框蜂。

② 华千斤藤（海南金不换）干块根，8~10g，煎汤，可用于 10~15 框蜂的治疗。半枝莲的干草 50g，煎汤，可治 20~30 框蜂。五加皮 30g，金银花 15g，桂枝 9g，甘草 6g，煎汤，可用于 40 框蜂的治疗。

③ 半枝莲 15g、虎杖 10g、贯众 15g、桂枝 5g、甘草 8g、蒲公英 10g、野菊花 15g、金银花 10g；煎煮后过滤，取药液，加入多种维生素片，按 1∶1 加入白糖做成糖浆喂蜂，每剂药液可喂 30~40 脾蜂。连续饲喂 5 个晚上。

④ 中西药结合进行治疗。已经发病蜂群的治疗可在中草药的基础上加入西药进行饲喂治疗，每 2 天喂 1 次，10 天为 1 个疗程。即在上述中草药用量中加入囊立克 500 mg，或者用兽用病毒灵 500 mg，进行饲喂治疗。饲喂药液的连续时间，要求喂药至第 1 批子脾正常封盖后，每周再喂 1 次，至第 2 批子脾正常封盖即可停药。

（5）防治小经验。

中蜂囊状幼虫病是目前为害中蜂较为严重的病害，蜂农的实践经验证明，对患有囊状幼虫病的蜂群补钙，可在一定程度上缓解病情。按 2 份水兑 1 份白糖的比例混合，搅拌均匀后加热至 70℃左右，加钙后冷却至常温。病情较轻的蜂群每千克糖浆加 6 g 柠檬酸钙粉；重病蜂群每千克加 6 g 柠檬酸钙粉，再加 100g $Ca(OH)_2$ 饱和溶液（即农村盖房时用的石灰坑里的澄清石灰水）。切忌多加柠檬酸钙粉，否则会加重病情。使用量按蜂脾计，每脾蜂喂含钙的糖浆 100g，每天 1 次。饲喂 1 周左右，病情有所减轻，此后可继续多喂一段时间。

二、美洲幼虫腐臭病

（一）美幼病的病原及症状

美洲幼虫腐臭病是由病原 Paenibacillus larvae 的孢子扩散引起。这种病原的孢子可以在养蜂设备中存活半年。工蜂、雄蜂和蜂王幼虫在卵孵化的随后 3 天均对美幼病易感，雄蜂幼虫比蜂王或工蜂幼虫易感性稍低一些，幼虫随着日龄的增加其对此病的易感性降低，卵孵化后 53 小时对该病免疫。P.larvae 的孢子在卵孵化 1 天后对幼虫的感染率最高。美幼病在第一年可能不会破坏蜂群，然而，如果处于无人检查和治疗状态，受感染个体会不断增加，从而导致蜂群死亡。

盗蜂和迷巢会导致蜂群间传播美幼病，此外，中西蜂通常饲养或相邻饲养也可能造成感染。另外，养蜂人通常不小心饲喂了来自感病群的蜂蜜和花粉或者由于在感病群和健康群间互相调脾从而人为传播该疾病。幼虫感染美幼病的巢脾也会出现花子现象，尤其是感染严重的蜂群。感病子脾的封盖呈深棕色，通常有小孔并向巢房内凹陷。健康的幼虫颜色为白色，而感病幼虫颜色出现变化，随着感病的加深，幼虫颜色从亚白色到棕色直到最后呈现黑色。当幼虫颜色为棕色时，能够看到病虫出现黏性的拉丝现象（图 2-27）。可通过火柴棒或牙签对疑似病虫尸体接触后取出，如果美幼病存在，即可看到这种线状的“拉丝”现象（>2cm）。

图 2-27　用火柴棒挑感染美幼病的幼虫尸体可以拉出细丝

大多数情况下，有经验的蜂农都能在野外条件下对该病进行诊

断，然而该病的确诊还需要在实验室条件进行确定。

（二）美幼病的防治

很少有西方蜜蜂品种对美幼病免疫。然而，蜜蜂对这种疾病会表现出不同程度的抵抗性。产生这种抵抗性的机制有：前胃瓣膜的作用、清理感病幼虫（巢房清理行为）、成年工蜂对幼虫的保护等，不同的哺育蜂提供不同水平的细菌抑制剂。此外，据报道，中蜂幼虫很少感染美洲幼虫腐臭病，如果将已感染美幼病的意蜂子脾插入中蜂群内，中蜂会清理其中有病的意蜂幼虫，而从不传染本群幼虫。中蜂抗美幼病的机理是幼虫体内的血淋巴蛋白酶不同于西方蜜蜂，具有抗美幼病的基因。在药物使用之前遇到该病感染时，很多养蜂人有时除了烧掉蜂群设备别无其他选择，目前，土霉素也能够很有效地治疗该病。盐酸土霉素和泰乐菌素也能够用于预防和治疗美幼病，但不推荐使用这类抗生素来预防和治疗，因为很容易造成蜂产品中的药物残留。

此外，经常对养蜂设备进行消毒也是消除感染美幼病巢脾病菌的一种方法，并可避免毁坏这些养蜂设备。

三、欧洲幼虫腐臭病

（一）欧幼病的症状及发病规律

欧洲幼虫腐臭病是一种广泛发生于世界各地几乎所有饲养蜜蜂的国家，其对蜂群危害的严重程度与美幼病类似，欧幼病病原菌能够在封盖子脾巢房壁上随蜜蜂一起越冬，或者存活于蜂箱粪便或蜂蜡残屑中，病原菌可随时通过哺育蜂在饲喂幼虫时造成幼虫感染。感染循环开始于幼虫（日龄小于48小时）取食被病原菌污染的食物。这些病原微生物在中肠中繁殖，破坏中肠围食膜，随着感染的加剧，逐渐侵染上皮细胞。哺育蜂能够将部分感病幼虫清除，并增加食物的消耗量。因此，如果哺育蜂充足，大部分蜂群能够克服感染。

工蜂、雄蜂和蜂王幼虫都对欧幼病易感，感病幼虫常常在卷曲阶段就已经死亡（图2–28）。感病幼虫首先变黄，然后变成浅褐色，此时幼虫的器官系统清晰可见，有些时候，感病幼虫在直立阶段死亡，但这些死亡幼虫慢慢塌陷，似乎被扭曲，最后在巢房底部腐烂。这一阶段感病幼虫也能出现轻微的“拉丝”现象（小于2.5cm），死虫干枯后，成为无黏性的、易清除的鳞片状物质。

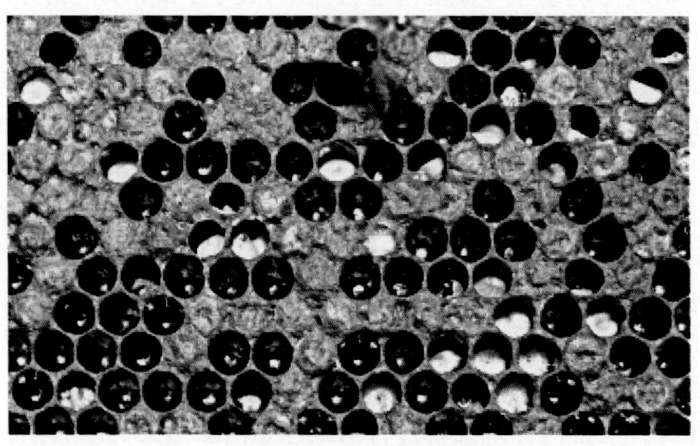

图 2–28　感染欧幼病的西方蜜蜂幼虫

如果该疾病在蜂群中蔓延，封盖子脾中会出现“花子”现象，健康的子脾封盖是向上凸起状,而感病后的子脾出现凹陷,并出现“穿孔”。感染欧幼病的幼虫气味因腐生菌的存在而各不相同。经过一段时间后，残留下来的幼虫尸体变干并在巢房中形成一个鳞片状的突出物。最具特征的是，幼虫感染欧幼病引起的这种鳞片状物质比较坚韧，而不像感染美幼病后比较脆的鳞片状病尸。感染欧幼病的鳞片状病虫尸体比感染美幼病的鳞片状病蜂尸体更容易清除。

（二）欧幼病的防治

当蜂群感染欧幼病较轻微时，常不需要防治。一般来说，当一个稳定的较好蜜源到来时，这种疾病通常会消失。然而，当欧幼病感染严重时，需要对蜂群进行治疗，否则蜂群群势会出现下降并造成蜂群无法越冬。

据报道，不同蜂种对欧幼病的易感性各有不同，并且没有蜂种对该病免疫。蜂群感病时，换王应该是首先推荐的。这一操作的成功部分归功于引入了一个潜在的产卵旺盛的蜂王，但更重要的是，孵化周期的中断为哺育蜂提供了清除受感染幼虫和清理巢房的机会。

目前使用最广泛的抗生素药物是盐酸土霉素。各种类型的抗生素制剂均有市售，并被用于饲喂感病蜂群。

四、蜜蜂孢子虫病

（一）蜜蜂孢子虫病的病原及症状

最近研究表明，最早在中蜂体内发现的东方蜜蜂微孢子虫（*Nosema ceranae*）是微孢子虫属的另一个种，并且它也是引起意大利蜜蜂孢子虫病的病原体，与蜂群损失密切相关。进一步的研究表明，东方蜜蜂微孢子虫对于新寄主具有高致病性，并且相对于西方蜜蜂微孢子虫（*Nosema apis*），它对寄主具有更严重的伤害，这可能是由于东方蜜蜂微孢子虫（*N. ceranae*）具有抑制蜜蜂免疫系统的能力，从而使受感染的蜜蜂对病毒和其他感染物更加敏感。

一般情况下，蜜蜂蜂群经常会感染微孢子虫。在蜂群的成虫个体中，包括工蜂、雄蜂及蜂王都很容易受到微孢子虫的侵染。当蜜蜂成虫取食含有孢子的食物或者清理受感染蜜蜂的排泄物时，会将微孢子虫的孢子摄入体内。目前孢子虫病的检测主要依赖实验室的显微镜镜检及分子生物学方法检测，一般肉眼很难做出诊断。

（二）蜜蜂孢子虫病对成虫的影响

微孢子虫的感染在许多方面都会对蜜蜂个体产生影响。受感染蜜蜂的寿命将会减少，尤其是在饲养孵化出的幼虫时。研究发现，受微孢子虫感染的蜜蜂工蜂寿命与健康的相比减少了近一半，并且受感染的负责饲喂幼虫的工蜂看护能力也大大减弱。蜂王易受到微孢子虫的感染，但是由于蜂王自身存在差异，对微孢子虫感染的反应也出现重大变化。有些蜂王在受到感染后可以继续产卵，有些蜂王在受到少量微孢子虫感染后则会死亡，而另外有些蜂王在受到大量微孢子虫感染后仍可以长时间地正常生存并产卵。

如果在检查种群时发现蜂王已经死亡或者被取代，这些蜂王受到微孢子虫的感染也可能是原因之一。Jay 和 Dixon（1982）经过 5 年的调查发现，微孢子虫对于整个蜂群的感染率为 26%~53%，对蜂王的感染率是 0.5%~18%，对负责饲喂蜂王的工蜂的感染率是 31%~47%。通过不同的试验如在交尾群中、在隔离笼中及在蜂王贮存群中证明微孢子虫在蜂群中的传播是由工蜂传染给蜂王的。

从养蜂历史看，冬季末期和早春时蜜蜂成虫由于经常受到微孢子虫的感染而造成数量减少。蜂王的死亡及替代与微孢子虫的感染有关，春季是微孢子虫感染的高峰期，主要是因为受感染的蜜蜂在秋季末期和早冬时不能将粪便排到蜂巢外，从而使蜂箱中的巢脾和巢框受到含有孢子排泄物的污染；在冬季末期和早春时蜂箱中会积累含有大量孢子的粪便，越冬后的工蜂会清理并移除蜂房中排泄物以拓宽孵化幼虫在蜂房中的活动范围，但是在这个过程中它们会受到微孢子虫孢子的感染；一般在特定的区域内，尤其是北方地区，蜂群中感染孢子数量的水平及比率会增加。

（三）蜜蜂孢子虫病的防治

蜜蜂孢子虫病经常被非专业养蜂人、旁观者及一些生产蜂蜜的公司忽视。由于受感染蜜蜂不会表现出明显的病症，所以养蜂人应定期地检查其所饲养蜂群的孢子数量，从而判断这种疾病是否处于高发期，这种情况常见于东方蜜蜂微孢子虫（*N. ceranae*）的感染，因为并不清楚微孢子虫感染从哪里开始。预防和控制微孢子虫需要在合适的时间并利用适当的方法，从而避免蜂群死亡、数量减少、蜂王的更替、蜂蜜产量的减少及蜜源作物的污染。在大多数情况下，蜂农直到发现蜂群出现严重的损害时才能诊断出引起异常情况的原因，但是此时再防治为时已晚。

东方蜜蜂微孢子虫（*N.ceranae*）将代替西方蜜蜂微孢子虫（*N.*

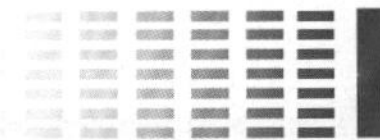

apis）成为主要感染蜜蜂的微孢子虫，并且这也会改变蜂农处理这种疾病的方式。就当前形势，在世界范围内东方蜜蜂微孢子虫（*N. ceranae*）将很快成为感染蜜蜂的主要孢子虫类。

对蜂群管理能够减少微孢子虫的影响。 蜂农可以通过以下方式来降低孢子虫病对蜂群的影响：正确的管理方法、烟熏法、热处理消毒法及化学方法。

1. 蜂群管理

（1）秋季在每箱蜂群中放置 1 只健康多产的蜂王及大量幼龄成年工蜂。

（2）选择优良的蜂箱位置，包括良好的通风环境且易靠近的地方、保护其不受盛行风影响，但是需要保证蜂箱在冬天能够得到充足的光照，因为这也许会影响蜂群越冬。

（3）保证为每箱蜂群提供足够的营养物质，包括糖类（蜂蜜或者糖水）、蛋白质、脂肪、矿物质和维生素（花粉或花粉替代物）。

2. 烟熏法

对于养蜂设备的消毒，文献中报道了两种烟熏方法。

（1）利用乙酸进行熏蒸效果较好，尤其是在适当季节应尽可能早地将蜂群从已污染的蜂箱中转移到熏蒸后的蜂箱中。方法：将一层具有吸附性的材料浸泡在 1/4 品脱（0.1L）的乙酸溶液（80%）中，然后将其放在蜂箱中巢框的顶部，且将蜂箱密封并固定在一个地方放置 1 周。熏蒸后的蜂箱在使用之前应放在通风处至少两天，最好是两周。

（2）蜂箱、巢框可用 2%~3% 氢氧化钠清洗，或用喷灯进行火焰消毒。巢脾可采用4%福尔马林溶液或福尔马林蒸气、冰醋酸消毒。

3. 热处理消毒

高温能够用于蜂箱设备的消毒。49℃处理 24 小时能够杀死西方蜜蜂微孢子虫的孢子或使其孢子不能存活。但是我们必须采取一些防范措施，最重要的是保证在巢脾上含有很少或没有蜂蜜或花粉，且温度一定不要超过 49℃。

如果蜂农的蜂箱中有受感染的蜂群或将感染巢脾上的蜜蜂转移到处理过的蜂箱中，应当记住利用熏蒸或者热处理方法对蜂箱进行消毒，这是非常重要的但可能会被忽略。铭记：消毒后的养蜂设备 + 已感染孢子的蜜蜂 = 污染的养蜂设备 + 已感染孢子的蜜蜂。

4. 化学方法

先前的研究表明，烟曲霉素在防治东方蜜蜂微孢子虫方面是有效的，然而最近研究表明，烟曲霉素在防治东方蜜蜂微孢子虫方面只有短期的效果，因此需要利用不同处理的烟曲霉素来进一步研究其与东方蜜蜂微孢子虫之间的关系。

在秋季时利用烟曲霉素饲喂将要越冬的蜂群，将烟曲霉素与糖浆以 2 ∶ 1 的体积混合从而使其活性比达到 100mg/ 加仑（3.81L），而每个蜂群的最小剂量是 2 加仑（7.61L），这样在第二年春天会明显地抑制微孢子虫对蜂群的感染。利用烟曲霉素饲喂小蜂群时，将其与糖浆以 1 ∶ 1 的体积混合，从而使其活性比达到 100mg/ 加仑（3.81），而每个蜂群的最小剂量是 1 加仑，这样就能够抑制微孢子虫数量。在自然状态下小蜂群中微孢子虫含量较高，另外还有蜂群被长期地限制在蜂箱中，在这两种情况下需要两加仑的含药糖浆。研究发现蜂群在经过烟曲霉素处理后能够显著地产生更多蜂蜜。

第三章

中蜂群夏季管理

夏季气温高、天气酷热，蜜源稀少，蜂王产卵下降甚至停产或出现工蜂拖卵现象，各种敌害增多，外勤蜂也逐渐衰老死亡，群势下降，容易发生飞逃，加上这一时期胡蜂、蟾蜍等侵害及农药中毒等因素，易造成蜂群极度减弱。因此，在整个管理上必须采取相应的技术措施，确保蜂群平安度夏。中蜂由于善于采集零星蜜源，因此，对于小型蜂场来说，只要遮阴防晒做好，防治好巢虫等敌害，一般可以顺利越夏。但对于大型养蜂场来说，遇到蜜源紧缺季节，度夏可能会出现各种问题，因此必须提前布局，掌握度夏阶段的养蜂操作要点。

第一节　中蜂夏季管理的技术要点

夏季管理中，中蜂管理的主要任务是：使蜂群安全度夏，并预防秋衰。为使蜜蜂安全度过炎热的夏季，应做好以下工作。

（一）通风遮阴

养蜂人在夏季到来之前，应首先考虑蜂群遮阴的问题。一般可将蜂群放置在通风的树阴或屋檐下（图 3-1），附近要有清洁的水源。如果周围没有树荫，必须搭建凉棚

图 3-1　放置在屋檐下的桶养中蜂

（图 3-2）或在箱盖上加上防晒装置（如石棉瓦，图 3-3），将巢门放大，并在巢箱上放一空箱，以扩大空间，流通空气，防止高温闷热。同时可在蜂箱内放置饮水巢脾，这样既可降温又可使蜜蜂自由饮水。还可在蜂箱上放置些树枝叶，每天中午在其周围洒水降温。

蜂群放置在野外时，还应设置箱架（图 3-2），高度为 50~80cm，以防雨水侵入巢内，同时还可以防蟾蜍和蚁类侵袭 。

图 3-2　简易遮阴凉棚

图 3-3　蜂箱上覆盖石棉瓦防晒

（二）提前换王

更换蜂王为防蜂王衰老，影响产卵，每年 4—5 月应将全场 80% 以上蜂群的蜂王换成当年培育的新蜂王。调换蜂王。在夏季到来之际，应把老劣蜂王全部换成新的优良蜂王。因为新蜂王产卵早，繁殖新蜂快（图 3-4），在过夏后能在短期内使蜂群恢复和扩大，提高采蜜能力。一些养蜂经验丰富的蜂农，通常每年换一次王，有的甚至一年换两次王，都是为了充分利用新王的产卵优势。

图 3-4　新王产卵旺盛

（三）留足饲料

每群巢内除留 2~3 框蜜脾和 1 框花粉脾外，还应每群贮备 2~3 框封盖蜜脾和 1~2 框花粉脾，以便随时补给缺料的蜂群。

（四）奖励饲喂

因夏季缺少蜜粉源，影响蜂王产卵，应及时抽出多余的蜜脾，并适时进行奖励饲喂。

（五）防除敌害

积极捕杀、诱杀胡蜂、蟾蜍等敌害，防止农药中毒，以免造成经济损失。夏季蜜蜂敌害较多，胡蜂常在巢门前捕杀蜜蜂，蚂蚁也来偷吃蜜，蟾蜍晚上也躲在巢箱底下觅食蜜蜂。为避免敌害侵入，最好在巢门外装设一个长方形铁纱网罩，上面留几个小孔便于蜜蜂出入，这样既免除各种敌害的侵袭，又能预防盗蜂。巢门一般仅放 1cm 高，宽度每框足蜂约为 1.5cm，如发现巢门工蜂扇风激烈，则应酌量放宽。但切忌打开网罩，要使巢内常处于黑暗环境，确保幼虫、蛹的正常发育。要随时注意杀灭胡蜂，并要经常清理蜂箱底，避免巢虫滋生为害（图 3–5，图 3–6）。

图 3–5　巢虫危害严重的中蜂群

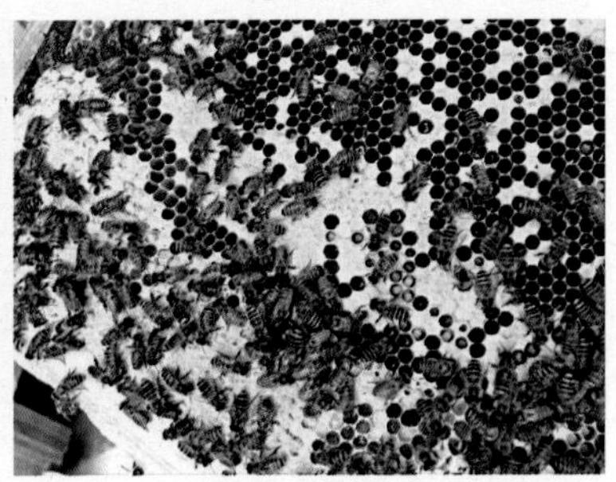

图 3–6　巢虫危害导致出现的“白头蛹”

（六）保持群势

夏初至盛夏前，蜜源流蜜旺盛，蜂群往往因劳累过度，群势会有所下降，此时保持强群是夺取秋季蜜源丰收的基础。因此，适度保持群势，并控制规模，避免群势过强，以免缺乏蜜源时会增加消耗和导致分蜂。而群势过弱，如遇不利环境，恢复壮群困难，不利于秋季生产。中蜂度夏以 5~6 脾的中等群势较好。这样的蜂群，蜂王产卵、幼虫的哺育、外勤蜂的采集等都比较协调。

（七）预防盗蜂少开箱

少检查蜂群。夏天天热，尽可能少检查蜂群，以免扰乱蜂群甚至引起盗蜂。若一定要检查时，动作要迅速，在检查中如果发现蜂群是太弱群或失王群，要及时合并。

（八）适时取蜜

蜜蜂夏季的工作时间为上午 8 点半至 12 点，下午 4 点至天黑。取蜜时间应掌握在早上 8 点半之前，此间取的蜜水分少、浓度高。一般情况下，不在下午和采蜜时间内取蜜，一是刚取来的蜜水分大，二是影响蜜蜂工作。可根据巢脾发白，有 1/3 房眼封盖来确定存蜜的多少。

第二节　中蜂夏季管理的注意事项

一、选用优良新蜂王

新蜂王的特点是停卵晚、产卵早，因此每年春节就应当把老蜂王全部换掉。这样过夏后就能在短期内使蜂群强大。

二、淘汰旧巢脾

蜂王喜欢在新脾上产卵，特别是中蜂更是如此。而且由于新造的巢脾不易遭到卵虫的侵害，可减轻蜜蜂防护巢脾的负担，有利于安全过夏。因此，越夏前必须及时更换新脾。

三、补蜜脾防盗蜂

夏季蜜源中断时常发生蜂群盗蜜现象。对盗蜜应坚持“防重于治”的原则。对存蜜不足的蜂群要及时补蜜，而且应当在晚上饲喂蜂群，糖水最好要在一个晚上喂完，切勿溅在箱外。夏季要少检查蜂群，要检查时动作要迅速，无王群和太弱群要合并，蜂箱要严密，提前用泥巴堵住缝隙。在蜜源缺乏时，同一群场内不宜饲养不同品种的蜂群，中蜂和意蜂更应分场饲养。如果盗蜂严重，要立刻封闭盗蜜的巢门，将其迁移到 5km 外的新地方饲养，过 1~2 周后再搬回来。

四、严防虫害

夏季蜂的敌害较多，受胡蜂（图 3–7）、巢虫（图 3–5）、蟑螂（图3–8）、蚂蚁（图3–9）及蟾蜍（图3–10）及蜻蜓等危害。要注意经常清除箱底蜡屑杂物，保持箱内干净，严防巢虫滋生；使巢门保持栅栏状，以防敌害侵入；山区多有鸟类、胡蜂等危害，发现后应及时扑打。应将蜂群中的余脾及时取出，做到蜂、脾相称，切忌蜂少脾多。

图 3–7　伺机捕食中蜂的胡蜂

图 3–8　蜂群中寄生的蟑螂

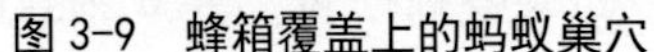
图 3-9　蜂箱覆盖上的蚂蚁巢穴

图 3-10　蟾蜍

五、防止逃蜂

夏季蜂群敌害严重时常造成蜂群逃亡。此处逃蜂是指全群蜜蜂飞走，不是自然分群。为了防止飞逃，可将蜂群中的蜂王翅膀剪去部分，并调入卵虫脾促使蜜蜂恋巢，如果发现蜂群少量飞逃，应立即关闭巢门，蜂群安静后调入蜜脾和幼虫卵脾，使之安定。对估计有可能飞逃的蜜群，应暂时关闭巢门，等傍晚时开放，并调整补助蜜脾和子脾。

六、遮阴降温

夏季蜂巢内闷热，影响蜂王产卵和工蜂的工作。因此，要打开蜂箱前后的纱窗，使空气对流。夏季蜂箱要安置在高大阔叶树木的树荫下。如果蜂场没有树荫，必须搭盖凉棚。在气温高、空气干燥的情况下，蜂卵往往不能正常乳化，因此要经常用框式饲养器给蜂群喂水，或在巢门口用钻孔水瓶喂养，并适当添加盐，防止蜜蜂到周围粪池采集盐、采水。

七、合理摆放蜂群

夏季蜜源稀少，蜂群的摆放宜疏些，可减少或避免因缺蜜而引起盗蜂。有条件的可实行小转地饲养，以扩大采集范围，使蜂王能正常产卵繁殖。

第三节　不同地区中蜂夏季管理的差异

一、东北及北方地区蜂群的夏季管理

（一）适时扩大蜂巢

进入夏季，白天气温较高，巢内要保持足够大的空间，做到脾多于蜂，以保证蜂王产卵有足够优质蜂巢。外界蜜粉源大量开花，新鲜的蜜、粉会压缩产卵圈，要适时加脾，把封盖老熟子脾放在蜂群中间位置，或把老熟子脾提到群势弱的群中，将弱群中的卵虫脾换到强群中饲喂，新加的脾放在边脾内侧。从春至夏都要强群饲养，要避免“分蜂热”的产生，为大流蜜做好一切准备，迎接丰收。

（二）饲养强群

蜂群强，抗病性、抗逆性及哺育能力就相应强，培育出的蜂群在采蜜期一定能获得高产。蜜粉源充足，群势增长达到最高时，巢内拥挤散热不好，巢内温度过高，巢门口蜂拥着大量蜜蜂，形成“蜂胡子”挂在巢门口。这时要将巢内老熟子脾提出放入新分群箱中，将弱群中新产的虫卵脾提出放在强群中哺育，分散精力，以免造成“分蜂热”。当大流蜜快要结束时，即 7 月底左右，取蜜一定要慎重，留出蜂群所需要的饲料，因为蜜源一旦停止流蜜，蜂群容易起盗，这时应留足饲料，规模较大的蜂场开始着手小转地的准备。

（三）适度小转地

蜂群经过 2 个月的繁殖，到 5 月下旬，一般蜂群都可达到 6~8 框蜂，此时正是流蜜期，流蜜期要培育蜂王、分蜂。流蜜期培育的蜂王质量好，成功率高。定地养蜂者，一个原群可以分出 2~3 个新分群；以增殖蜂群为主者，也可将原群均等分成若干群。转地者可适当少分。计划分蜂的蜂场，应提前 1 个月开始计划，定地蜂场可利用辅助蜜源继续繁殖蜂群。天气炎热时要注意给蜂群遮阴。

二、沿海地区蜂群的夏季管理

中国地大物博，气候多变，各地区养蜂管理操作基本一致，差别主要集中在各地应根据本地区的小气候来灵活采用养蜂管理措施。沿海地区多为海洋性气候，夏天中午炎热，早晚凉爽。每当台风登陆时，狂风暴雨能使农作物倾倒，蜂箱被掀翻。这一地区养蜂管理基本遵循以下几条原则。

（一）养蜂场址的选择

蜂场应设在有林带的东西向道路南侧。因为树林能防风遮阳，巢箱门朝南，棉田广阔，蜂箱背后的道路可以行人，也便于养蜂人的管理。如果没有林带，可选择房前屋后的零星树木；实在没有树木的地方，也可以就地取材，割些芦苇编成帘子铺在大盖上，再压上带有茅草根的泥块，增加重量，使箱盖不被风刮掉。蜂场四周如有杂草则应当铲除，铺平地面，做到通风、卫生。低凹的地面应挖好小沟，以便雨天排水。有蚂蚁的地方不宜安置蜂箱，应避开蚁害。

（二）通风降温

盛夏炎热时每天下午要在蜂箱外侧喷洒清水，但蜂箱南侧（巢门前）不可洒水，因为洒水后工蜂误判为雨天，便不再出去采集，影响产量。箱内巢脾间距要比平时放大一些，一般掌握在 2.5 cm 左右，使巢脾上的蜜蜂不要太密集受挤，有利于箱内通风散热。保温板外侧可放置一个饲喂器，内盛清水，这样既能减轻工蜂的采水负担，又可降低箱内温度。

（三）防止敌害

巢箱内应经常打扫，铲除蜡屑，杜绝巢虫的寄生。蜂箱四周也要经常锄草，不让蟾蜍、青蛙、蚂蚁、蛇之类有藏身之地。巢箱门前的打扫工作应安排在晚间蜜蜂停止飞翔时进行。天黑后蟾蜍、青蛙常在蜂箱门口出没，要及时捉走，拿到远离蜂场的地方放生。如果发现有胡蜂窝挂在蜂场周围的树上或屋檐下，要及时毁掉。方法是：利用粗眼的纱布做成一个小口袋，袋口用铅丝圈张开，绑在竹竿上。晚上，用这样的小口袋套住胡蜂窝用力钩住并突然一拉，胡蜂连窝一起落入袋中，快速放到地面用脚踩死。

三、南方部分地区蜂群的夏季管理

（一）留越夏饲料

5 月中下旬蜜源结束时，为保证安全越夏，后期必须恢复群势和贮足饲料。大型蜂场此时可以小转地至山区蜜源丰富的地区，利用山区蜜源优势尽快恢复群势，贮足蜂群越夏所需的饲料，对蜂群安全越夏至关重要。

（二）适当限制蜂王产卵

南方很多地区，在 5—7 月有一段时间的缺蜜期，不同地区时间不一致，此时，蜂群群势越大，越夏饲料消耗就越大。因此，在缺蜜季节，适度限制蜂王产卵，可抑制群势过强导致消耗过多饲料，又能保证此后出房的工蜂不曾参加过育子活动，才有能力在越夏后期提前繁殖，更新蜂群，担负繁重的哺育任务。

（三）注意蜂场通风、遮阴

利用树林、房屋等自然优势，进行防暑遮阴。温度太高，蜂群扇风降温强度加大，会增加蜂群消耗，因此，人为做好蜂群遮阴（图 3-11），有利于维持蜂群的稳定。

图 3-11　野外蜂场的遮阴

四、越夏期的管理操作细节

（一）越夏初期

6月下旬主要蜜源（如乌桕）结束后，将蜂群及时转地到有零星粉源的地方放蜂，如瓜花、芝麻等。度夏初期，外界有少量粉源，巢内贮蜜充足，繁殖一批幼虫。但要防止工蜂育虫过多，造成早衰，幼虫先天不足。可用框式隔王板，限制蜂王产卵，育虫集中，幼蜂发育健壮。具体做法是：从蜂箱中提出2框蜜脾，加入2个空脾，调整蜂脾位置，用框式隔王板插在蜂箱中间，使成为有王产卵育虫区和无王贮蜜区。在有王区加入2个空脾让蜂王产卵。巢门开在两区中间，长10 mm左右。每隔3天，在傍晚时进行奖励饲喂，促进蜜蜂积极采粉育虫。巢内存粉不足的，应饲喂粉蜜混合饲料，此时育虫对越夏期维持群势起着重要的作用。

（二）越夏中期

7月中旬，有王区4个子脾已经封盖，从有王区调2个封盖子脾放入无王区，从无王区抽出2个空脾，紧缩蜂巢，保持脾略多于蜂，抽出的2个空脾可放在无王区隔板外侧。如外界没有粉源，应进一步限制蜂王在2个巢脾上活动、产卵，也不能完全停产。停止饲喂蜂群，少开箱检查，尽量保持蜂群安静，减少工蜂活动。注意蜂场遮阴和降温。8月上旬，度夏开始时培养好的子脾，都已相继出房，老蜂陆续死亡，新蜂进入交替期。经过上述操作，蜂群群势不会下降太多，此时，巢内幼蜂出房，耗蜜量增大，应将贮存的2张蜜脾加入无王贮蜜区。隔板外2个空脾可抽出另外保存。幼蜂除了耗蜜外，也需要花粉。因而，每5天给巢内无王饲料区饲喂花粉代替品。同时，经常给蜂群喂以0.1%淡盐水，对减少蜂群外出采水、补充矿物质和增湿降温能起到良好的作用。蜂王仍应限制其产卵，有王区的2个巢脾暂不要调动。

（三）度夏后期

8 月中下旬，蜂群进入越夏后期。这时外界已有零星粉源，这时将有王区已封盖的 2 个子脾调入无王区孵化出房，无王区 4 个已出房空脾或半蜜脾调入有王区，从而有王区与无王区脾数相等。为适应蜂群育的需要，要增加饲喂花粉代替品，巢内存蜜不足的，适当调进蜜脾换出空脾。9 月上旬，将蜂群转地到有蜜源和粉源的场地，撤去隔王板，每 2 天一次进行奖励饲喂，促使蜂王大量产卵，直至外界花盛，巢内贮蜜丰足为止。如果巢内存蜜充足，可以定期割开少量蜜盖，喷以淡盐水，这样更能起到奖励的积极作用。这时巢内有封盖子和年青适龄蜂，具有采集和哺育能力，就可以着手准备秋蜜生产。

第四节　夏季农药中毒的预防和处理

一、农药的种类和对蜂群的影响

夏季是农药使用较多的季节，应了解周围农田喷洒农药情况（图 3-12），采取应急措施，预防或减少蜜蜂的农药中毒。

图 3-12　给稻田喷洒农药

农药对蜜蜂的毒性依品种不同而异，根据其毒性的高低可分为三类。高毒类：这一类农药对蜜蜂的毒性很大，半数致死量为0.001~1.99 μg/只蜜蜂，主要包括久效磷、倍硫磷、乐果、马拉硫磷、二溴磷、地亚农、磷胺、谷硫磷、亚胺硫磷、甲基对硫磷、甲胺磷、乙酰甲胺磷、对硫磷、杀螟松、残杀威、呋喃丹、灭害威等。中毒类：这类农药对蜜蜂的毒性中等，半数致死量为2.00~10.99 μg/只蜜蜂。如喷药剂量及喷药时间适当，可以安全使用，但不能直接与蜜蜂接触，主要包括双硫磷氯灭杀威、滴滴涕、灭蚁灵、内吸磷、甲拌磷、硫丹、三硫磷等。低毒类：这类药剂对蜜蜂毒性较低，可以在蜜蜂活动场所周围施用，主要包括乙醇杀螨剂、丙烯菊酯、蒙五一五、苏云金杆菌、毒虫畏、敌百虫、乙烯利、烟碱、除虫菊、灭芽松、三氯杀螨砜、毒杀芬等。我国农药一般分为两大种类：有机氯农药和有机磷农药，一般能从农药说明书或名称中得知该农药的类别。尽管目前我们无法禁止使用农药，但推荐使用对昆虫低毒或无毒农药，并在植物开花期禁止使用。养蜂中检测到的农药及检测频率见图 3-13、图 3-14。蜜蜂接触农药的途径及农药见图 3-15。

随着我国农业产业化的发展，农药的品种和使用范围日益扩大，

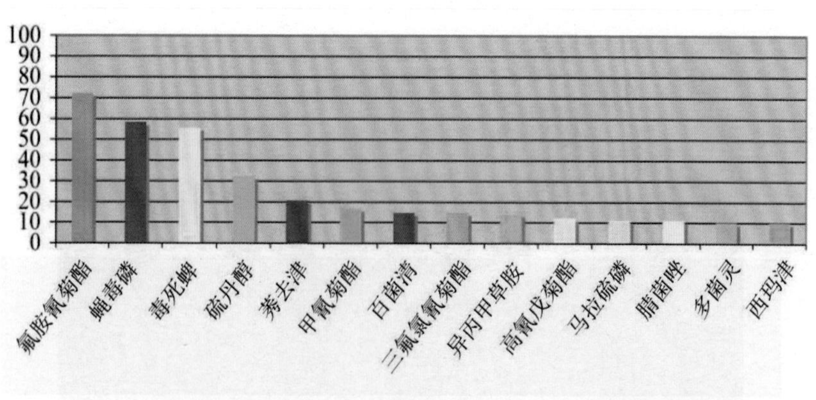

图 3-13　蜜蜂花粉（蜂粮和巢门口收集的花粉）中检测频率最高的杀虫剂

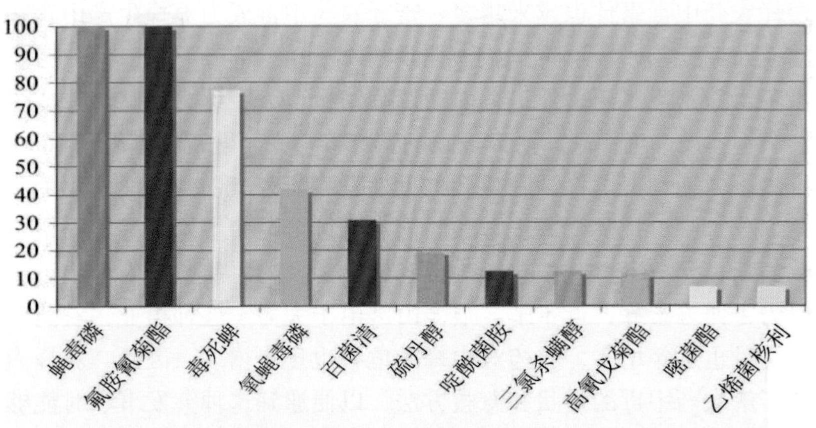

图 3-14 蜜蜂子脾所在巢房中（蜂蜡成分）检测频率最高的杀虫剂

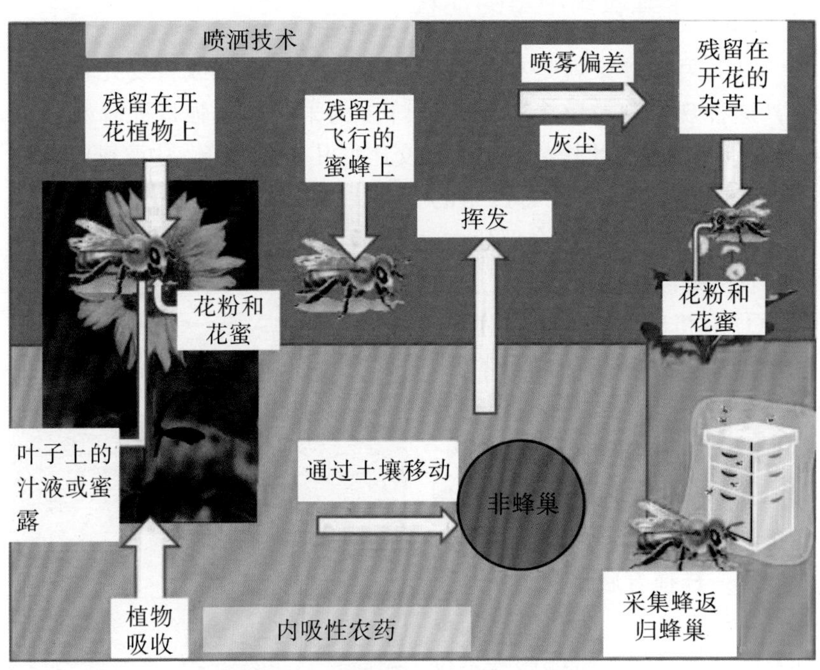

图 3-15 蜜蜂接触农药的可能途径

蜜蜂农药中毒事件也越来越多。蜜蜂农药中毒成为养蜂生产中存在的最大隐患之一。轻者，由于大批采集蜂死亡，群势下降，影响产量；重者，除采集蜂死亡外，巢内幼蜂和幼虫也大量死亡，甚至造成全群全军覆没。近年来，西方国家的蜜蜂群消失问题正逐渐得到重视，世界著名期刊美国科学院院刊上近期发表研究表明，广泛使用的除草剂草甘膦可扰乱蜜蜂正常的肠道有益菌群，使蜜蜂更易感染机会致病菌，死亡率上升，并影响蜜蜂健康和授粉。前些年农药中毒主要为害西方蜜蜂，近年来，很多山区由于大力发展种植业，农药的使用量也逐年增多，农药对中蜂的危害也逐步增多。因此，养蜂人应了解农药中毒的症状和急救方法，以便遇到这种突发事项时能够及时应对。

二、蜜蜂农药中毒的症状

（1）第一迹象就是在蜂箱门口出现大量已死或将要死亡的蜜蜂，这种现象遍及整个蜂场。死蜂多为采集蜂，强群死蜂数量大（图 3-16），弱群死蜂数量很少，交尾群几乎无死蜂。中毒蜜蜂性情暴烈，常追逐人畜，中毒严重的蜂群，甚至在 1~2 天内全部死亡。不同农药中毒症状如下。

图 3-16　农药中毒导致大量采集蜂死亡

① 有机磷农药的典型症状。呕吐、不能定向行动，精神不振、腹部膨胀、绕圈打转、双腿张开竖起。大部分中毒的蜂死在箱内。

② 氯化氢烃类农药的典型症状。活动反常、不规则、震颤，像麻痹一样拖着后腿，翅张开竖起且勾连在一起，但仍能飞出巢外。因此，这类中毒的蜜蜂不仅会死在箱内，也可能死在野外。

③ 氨基甲酸酯类农药的典型症状。爱寻衅蜇人、行动不规则，接着不能飞翔、昏迷、似冷冻麻木，随即呈麻痹垂死状，最后死亡。大多数蜜蜂死在箱内，蜂王常常停止产卵。

④ 二硝酚类农药的典型症状。类似氯化氢烃类农药中毒后的症状，但又常常伴随着有机磷中毒症状，从消化道中吐出一些物质，大部分受害的蜂常死在箱内。

⑤ 植物性农药的典型症状。高毒性的拟除虫菊酯可引起呕吐、不规则的行动，随即不能飞翔、昏迷，以后呈麻痹、垂死状，最后死亡。中毒蜂常常死于野外，这类农药中的其他农药在田间使用标准剂量时，对蜜蜂没有毒害。

（2）农药中毒的蜜蜂，不少死于采集地或回巢途中，大多是在飞回蜂箱后死亡。中毒蜜蜂蜜囊里饱含花蜜或后足花粉篮内携带有花粉团。

（3）巢门前有大量的中毒蜜蜂在地面上翻滚、打转。死蜂两翅张开，腹部勾曲，吻伸出。拉取肠道，可见中肠缩至 3~4mm，环纹消失。

（4）开箱检查时，可发现箱底有很多死蜂。提起巢脾，工蜂纷纷坠落箱底，无力附脾。能继续爬在巢脾上的蜜蜂因疲弱无力而不断向下滑动，不能飞翔。蜂体和巢脾由于粘着蜜蜂吐出的蜜而显得潮湿。

（5）外界无蜜源时期，发现大量老蜂有农药中毒症状，极有可能是采水中毒，应随时关注蜜蜂情况，人工喂水。

（6）严重中毒的蜂群，幼虫也会中毒死亡，有时出现“跳子”现象，有的幼虫已落入箱底。如在蜂群内加入了被剧毒农药污染的蜜脾或巢脾，蜂群内不但出现“跳子”现象，而且蜜蜂还会离开巢脾，爬出巢门，在箱底或地面上结团，有时飞到离蜂箱很近的树上结团，蜂王也随之飞出蜂箱，称为蜂群飞逃。

三、农药中毒的急救措施

（一）农药中毒的防治要点

对于蜜蜂农药中毒，只要高度重视，是可以避免的。为了避免发生农药中毒，养蜂场应与施药单位密切配合，了解各种农药的特性和施用知识，共同研究施药时间，避免或减少对蜜蜂的伤害。具体预防措施如下。

① 禁止施用对蜜蜂有毒害的农药。在蜜蜂活动季节，尤其在蜜粉源植物开花季节，应禁止喷洒对蜜蜂有毒害的农药。若急需用药时应选用高效低毒、药效期短的农药，并尽量采用最低有效剂量。

② 在农药内加入驱避剂。在蜂场附近用药或飞机大面积施药，应在农药内加入适量的驱避剂，如苯酚、硫酸烟碱、煤焦油、萘、苯甲酸等。这些物质本身对蜜蜂无毒，但它们本身的气味会影响蜜蜂对花蜜采集，从而防止蜜蜂采集施过农药的蜜粉源植物。加驱避剂一般能使蜜蜂的农药中毒损失降低 50% 以上。

③ 施药单位应尽量采取统一行动，一次性用药，并在用药前 1 星期通知蜂场主。施药单位应尽量集中在一个对蜜蜂较安全的时间内施药（如蜜蜂出巢前或傍晚蜜蜂回巢后）。在采取大面积施药前，应采取各种宣传措施通知附近的蜂场主，让他们有足够的时间在喷洒农药前一天晚上关闭蜂箱巢门，或用麻布、塑料袋等把蜂箱罩住，或将蜜蜂转入未施农药的新场。

④ 采用抗农药的蜜蜂品种。美国及苏联都开展过培育抗农药蜜蜂品种的研究；我国及世界许多国家的作物育种家早已进行培育抗病虫害作物品种的研究。这两方面取得的成果都会减少或避免蜜蜂农药中毒。

（二）农药中毒的急救措施

（1）对于发生农药中毒的蜂群，如果损失的只是采集蜂，箱内没有带进任何有毒的花粉和花蜜，而且箱内还有充足、无毒的饲料

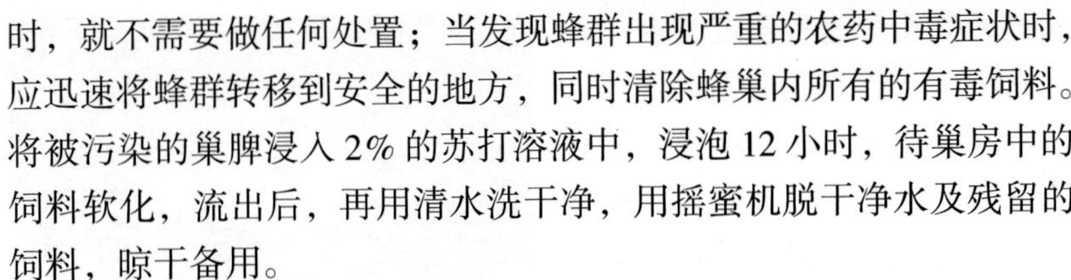

时，就不需要做任何处置；当发现蜂群出现严重的农药中毒症状时，应迅速将蜂群转移到安全的地方，同时清除蜂巢内所有的有毒饲料。将被污染的巢脾浸入2%的苏打溶液中，浸泡12小时，待巢房中的饲料软化，流出后，再用清水洗干净，用摇蜜机脱干净水及残留的饲料，晾干备用。

（2）若发现轻微农药中毒症状，应立即饲喂1∶4的稀糖水进行稀释。

（3）若中毒症状仍在持续，需要赶紧查明中毒农药类型，例如由1 605、1 059、敌百虫和乐果等有机磷农药引起的中毒蜂群，可采用0.05%~0.1%硫酸阿托品或0.1%~0.2%解磷定溶液进行喷脾解毒；有机氯农药引起的中毒可用250mL的蜜水加入3mL磺胺噻唑钠或1片用水溶解后的片剂，搅拌均匀喷喂中毒的蜂群。还可考虑饲喂一些解毒药物。

（4）若发生轻度或中低度中毒，马上开箱检查，查看幼虫和刚出房的新蜂是否正常，如果正常那可以关闭巢门，打开纱窗。到傍晚再打开巢门，晚上喂1∶4稀蜜水、关闭巢门、开纱窗，一定要注意通风。这样子控制2~3天，等外界农药挥发再放出蜂群。

第五节 严防蜂箱小甲虫的危害和蔓延

蜂箱小甲虫（*Aethina tumida*）是鞘翅目（*Coleoptera*）、露尾甲科（*Nitdiuldae*）的完全变态的昆虫，包括卵期、幼虫期、蛹期和成虫期（图3-17）。一只蜂箱小甲虫从卵到成虫，为38~81天，具体时间随周围环境温度、土壤湿度等因素而变化。在合适的环境下，蜂箱小甲虫每年能繁殖6代。蜂箱小甲虫起源于非洲撒哈拉以南地区，但是不会危害当地养蜂业；蜂箱小甲虫在起源地与在新入侵地造成的危害程度存在明显差异，其原因尚不明确。这可能包括非洲和欧洲蜜蜂亚种间的行为、饲养管理技术、气候因子等方面的差异，或逃避天敌及其他不确定因素。虽然成虫对蜂群的危害相对较轻，但可导致逃群，即成年蜂全部弃巢飞逃，蜂箱小甲虫成虫对强蜂并没有太大的影响，其真正起破坏作用的阶段是蜂箱小甲虫的幼虫期。蜂箱小甲虫幼虫的取食行为通常会导致蜂蜜发酵、巢脾严重损毁（图3–18），以及常造成整个蜂巢坍塌。因此，世界动物卫生组织将蜂箱小甲虫列为蜜蜂六大重要病原体之一，常被看成与大蜡螟具有同等危害性的虫害。

图 3-17　蜂箱小甲虫背面观察图
（Benedict Wambua 2018年拍摄）

一、蜂箱小甲虫的生物学特征

蜂箱小甲虫的卵期：体色呈珍珠白色，体型与蜂卵相似，只有蜂卵的 2/3，卵期 1~6 天。卵群呈不规则团状，位于空巢房及蜂箱的小裂缝中。蜂箱小甲虫的幼虫期：体色为乳白色，体长 2~13 mm，头较大，后面紧挨着 3 对足，背部体节有 1 对棘状突起，最后 1 对棘状相对坚硬和粗壮；孵化的幼虫经过 10~16 天进入完全成熟阶段，便循着光线爬到蜂箱外的土壤中开始化蛹。

蜂箱小甲虫的蛹期：幼虫进入蜂箱外的土壤里化蛹，蛹初期为珍珠白色，随后蛹体色逐渐加深，胸部和腹部有刺状突起，蛹期 8~60 天。

蜂箱小甲虫的成虫期：成虫体色为灰色至黑色，月龄越大体色越黑；体长 5~10 mm，棒状触角，形体呈椭圆形。具有 3 对足，2 对翅，爬行迅速，也能飞，具有避光的特性。雌虫一般为（5.7 ± 0.02）mm，雄虫一般为（5.5 ± 0.01）mm，其宽度一般相同，约为 3.2 mm。雌虫一般重（14.2 ± 0.2）mg，雄虫一般为（12.3 ± 0.2 ） mg。成虫的寿命平均为 2 个月，最长可存活 6 个月。

图 3-18　东非蜜蜂同时遭受两种蜂箱小甲虫危害（Benedict Wambua 2018 年拍摄）

二、蜂箱小甲虫的危害

图 3-19　蜂箱小甲虫对蜂群封盖子的破坏（Benedict Wambua 2018 年拍摄）

蜂箱小甲虫幼虫以蜂蜜和花粉为食，它们挖洞穿过巢房（图 3-19），所经之处全被破坏，使蜂蜜颜色不正常，并伴有发酵现象，还散发出一种类似于烂橙子的异味。在巢房和封盖被破坏且发酵的情况下，蜂蜜会起泡并溢出巢房，甚至流出蜂箱。如果侵入了大量的蜂箱小甲

虫幼虫（图 3-20 至图 3-22），则对蜂群的危害是难以估量的，无论是强群还是弱群，都会在 2 周内被毁掉（图 3-23）。

图 3-20　大量蜂箱小甲虫幼虫聚集在巢框框梁一侧

图 3-21　巢脾上正在侵袭巢脾的蜂箱小甲虫

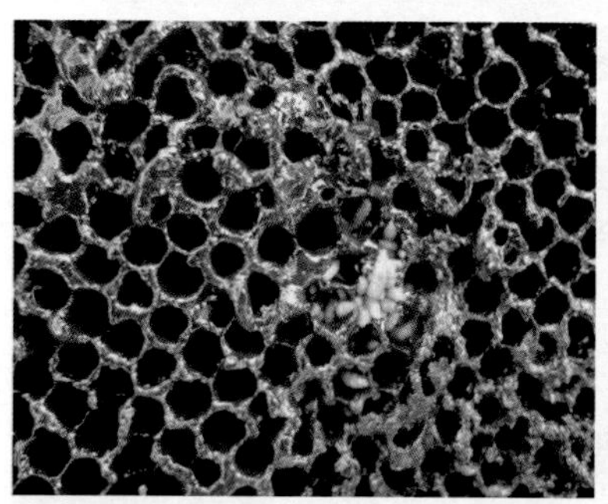

图 3-22　危害巢脾的蜂箱小甲虫

图 3-23　蜂箱小甲虫幼虫正在侵袭一群无王群

（一）国外蜂箱小甲虫入侵危害现状

1996 年，蜂箱小甲虫首次在美国发现，1998 年对美国养蜂业造成重大损失；而且发现熊蜂也被蜂箱小甲虫侵染；接着埃及（2000 年）、澳大利亚（2001 年）、欧洲（2004 年）、意大利（2014 年）、菲律宾（2014 年）、墨西哥（2007 年）、韩国（2017 年）等西方蜜蜂蜂群均不同程度受到危害（图 3-24）。

图 3-24　危害封盖蜜脾的蜂箱小甲虫

（二）国内蜂箱小甲虫入侵危害现状

2017 年发现疑似蜂箱小甲虫，中蜂群 200 群受到危害，采集样品进行了鉴定，提出防控措施；直到 2018 年 8 月底至 9 月，连续雨水及台风，虫害泛滥，1 000 群全部感染；同时，2018 年 8 月海南省发现蜂箱小甲虫，约 400 群中蜂受损；而此蜂群源自广西，但广西地区未发现其危害。随后，行业专家通过形态学鉴定、分子鉴定、实验室接种实验确定为蜂箱小甲虫（赵红霞，2018，未出版）。

蜂箱小甲虫幼虫以蜂蜜和花粉为食，它们挖洞穿过巢房，所经之处全被破坏，使蜂蜜颜色不正常，并伴有发酵现象，还散发出一种类似于烂橙子的异味。另外，蜂箱小甲虫幼虫所经之处会留下一种带臭味的黏质物，这种物质可迫使蜜蜂弃巢而逃。蜂箱小甲虫已经在我国广东、海南等地造成危害，因此，必须高度重视检疫性蜜蜂害虫。

三、蜂箱小甲虫防控策略

各国科学家都在积极研究蜂箱小甲虫的防治措施及方法，从国外蜂箱小甲虫的发生和防治情况看，它是一种可防、可治、可控的有害生物，通过正确的途径和方法可尽量避免蜂箱小甲虫带来的危害。

（一）加强出入境的检验检疫

蜂箱小甲虫传播途径较为广泛，主要通过转移蜂群、养蜂的蜂箱、蜂笼和蜂蜡以及进出境各种包装上附着的土壤等传播（图 3-25），或者通过寄生在水果、蔬菜及其他果蔬产品中经流通而得以传播。因此，应加强对来自疫区如美国和澳大利亚的蜜蜂及蜂产品的检疫，加强对入境的废旧生活品的无害化处理，防止蜂箱小甲虫的入侵，确保国内养蜂业不受该检疫害虫的影响。

图 3-25　强行进入蜂群的成年蜂箱小甲虫（Benedict Wambua 2018 年拍摄）

（二）加强蜂箱小甲虫的宣传

蜂箱小甲虫在我国养蜂史上从未出现，近两年才传入我国沿海地区，广大蜂农对蜂箱小甲虫并不认识，因此加强宣传工作尤为重要，进行蜂箱小甲虫的识别、预防、防控等相关知识的宣传。宣传材料方面以蜂箱小甲虫的成虫、蛹期、幼虫期、卵期的形态识别、快速检测和监测及其预警蜂群科学防控等为主；正确对待蜂箱小甲虫的入侵事件，消除蜂农心理恐慌，引导认知及科学防控蜂箱小甲虫。

（三）防治方法

蜂箱小甲虫的有效控制不应该依赖单一方法，应开展有害生物综合治理（IPM），尽可能综合采用所有可用的控制方法，分别从饲养管理技术、物理方法、生物防控和化学防控等进行有效组合，开展综合防控。

1. 饲养管理技术方面

采用人工去除蜂箱小甲虫也可视为一种控制选择，但需要大量的劳动力开展相关工作。不同形式的蜂箱小甲虫陷阱可以安装在蜂箱内外，定期检查蜂群进行处理。强群饲养蜜蜂，足够的守卫蜂执行守卫行为，缩小巢门以减少蜂箱小甲虫的进入。虽然有执行巡逻任务的工蜂，仍然不能完全巡逻整个蜂箱，因此减少蜂箱小甲虫进入蜂箱非常有必要，例如非洲蜜蜂使用蜂胶处理巢门，巢门口防止蜂箱小甲虫进入蜂箱。

相关研究报道，80% 蜂箱小甲虫幼虫在蜂箱外的土壤 10~30 cm 处，漫游幼虫可能漫游至箱外 2 m 或更远的箱外土壤中，蜂箱小甲虫完成了蛹期发育。因此，通过改造蜂箱蜂群的周围环境，维持强群，非常有必要。将蜂箱搬至水泥地面或厚黏土地方，尽量保持蜂箱内外的干燥，让即将孵化的蜂箱小甲虫不能存活和繁殖，这都是切实可行的方法。

饲养管理过程中，尽可能查找填补蜂箱内的裂缝缝隙，减少蜂箱小甲虫隐藏区域和繁殖区域。确保工蜂可以到达蜂箱内所有区域，工蜂执行相应的卫生清理行为，减少或避免蜂箱小甲虫产卵，保证蜂箱底部干净。经常检查蜂箱箱底以查看是否有蜂箱小甲虫侵入，蜂箱小甲虫成虫不喜欢阳光，蜂箱打开时都躲到蜂箱的角落、隙缝或裂缝中避光。一旦在箱底检查到成虫，便要小心其幼虫为害了。由于幼虫躲在封盖房内，穿透巢房进行活动，一般在早期很难被察觉。因此蜂群管理保证蜂多于脾，箱内不要放置空巢脾。另外，我们需要了解蜂箱小甲虫的生物学特点及行为特征等，进而更好地应对蜂箱小甲虫的入侵，养蜂生产中应采用综合防控技术应对蜂箱小甲虫。

2. 物理防控技术方面

受感染的养蜂场顶层土壤被清除、处理或深埋在地下，这种情况需要耗费非常多的劳动力，当全场蜂群均被感染时，尽量采取这种方式，尽可能消除隐患。光波防控，观察蜂箱小甲虫对不同波长光谱的反应，发现蜂箱小甲虫的幼虫和成虫受到紫外光 390 nm 波长的吸引，表现出强烈的正向趋光性。

在蜂场采用 LED 灯管，波长 390 nm 的引诱灯进行诱捕，在巢蜜及摇蜜过程中吸引蜂箱小甲虫，进而达到控制蜂箱小甲虫目的。熟石灰或硅藻土的混合土壤可以促使蜂箱小甲虫的蛹期阶段因脱水而无法化蛹，熟石灰仅在高剂量（ 10~15 g / 100 g 土壤）阻断、降低蜂箱小甲虫的繁殖成功率，结合硅藻土更好地降低蜂箱小甲虫的繁殖成功率。

3. 生物防控技术方面

采用两种昆虫病原线虫（*Steinernema kraussei* 和 *S. carpocapsae*）对蜂箱小甲虫的防控进行了测定，尤其是土壤中幼虫阶段，控制率达到 100%，持续时间达到 3 周。同时，欧洲市场上都有售这些产品，建议在蜂箱周围0.90~1.80 m 范围内处理。采用不同亚种苏云金芽孢杆菌（*Bacillus thuringiensis* Berline , Bt）进行了蜂箱小甲虫的防控，通过添加于花粉团进行混合饲喂，很好地抑制了蜂箱小甲虫的繁殖。

采用 RNAi 技术，通过注射 dsRNA 导致蜂箱小甲虫幼虫的死亡。因此我们认为，RNAi 具有目的特异性，将为今后防控蜂箱小甲虫提供高效快速的方法。通过蜂箱小甲虫放射生物学的信息，在 45~60Gy 时，未受辐射的雄性和受辐射的雌性之间的交配，平均繁殖力降低了 99 %，在 1 %~4 % 低氧条件下以 45Gy 照射未交配的成年雌雄，可导致高度不育。

因此，不育昆虫技术可以作为新技术抑制新入侵的蜂箱小甲虫种群蔓延。通过设置只允许蜂箱小甲虫进入，而蜜蜂无法进入的陷阱，陷阱内添加苹果醋、矿物油、硼酸及酵母菌 *Kodamaea ohmeri* 发酵物作为诱饵进行物理防控，诱饵中添加化学药剂进行综合防控 。

4. 化学防控技术方面

主要采用化学药剂进行防控，目前国外主要防控蜂箱小甲虫的商品有 GardStar（除虫菊酯类土壤灌溉）、CheckMite（有机磷酸酯条带)、APITHOR TM(芬普尼，箱底使用)。尤其是 APITHOR TM 适用于蜂箱底部，设计的塑料外壳，防止蜜蜂接近或接触纸板插件，测定显示可以显著快速地减少蜂箱中成年蜂箱小甲虫的数量，对蜜蜂群体健康及蜂产品安全性均无影响。

总之，蜂箱小甲虫会给蜂群带来危害，但该虫的发生流行均需要适宜的环境。蜂箱小甲虫在有轻度沙化土壤的沿海地区才发生大面积危害，如果在只有重黏土的地区不会有大规模传播。因此，在我国南方广东、广西、福建等地，具有适宜的温度湿度，且具有沙化土壤，自然条件极其适于蜂箱小甲虫的发生流行。蜂箱小甲虫幼虫阶段对蜂群和储存的巢脾巢蜜进行破坏，造成直接经济损失；而成虫阶段对蜂群的危害不算严重。蜂箱小甲虫传播途径较为广泛，主要通过转移蜂群、养蜂的蜂箱、蜂笼和蜂蜡以及进出境各种包装上附着的土壤等传播，或者通过寄生在水果、蔬菜及其他果蔬产品中经流通而得以传播。因此，应加强对来自疫区如美国和澳大利亚蜜蜂及蜂产品的检疫，加强对入境的废旧生活品的无害化处理，防止蜂房小甲虫的入侵，确保国内养蜂业不受该检疫害虫的影响。

第四章 中蜂秋季管理技术

秋季是一年养蜂的重中之重，是蜜蜂秋繁的关键，也是越冬蜂的准备期，各地秋季复壮时间应结合当地的小气候进行具体安排。中蜂蜂群秋季管理应注意以下要点：加速繁殖、壮大群势、培育新王、更换老王、及时取蜜、备足越冬饲料、防病治病、预防盗蜂。

第一节 利用秋季流蜜期更换新王

饲养中蜂的要点是新王、新脾，新王产子能力强，能维持较好群势，采集积极，能提高产量，一般当年不会再分蜂，所以要尽量多养新王，蜂场应随时保持一定的蜂王储备。

一、中蜂换王的时期

1. 常规换王

1 年换 1 次王通常在春季 3—4 月实施。1 年换 2 次王通常在春季 3—4 月和秋季 10—11 月各进行 1 次。

2. 结合蜂群断子治病换王

中蜂囊状幼虫病是中蜂养殖中最棘手的一个病害，遇到此病的发病高峰期，一般药物几乎无法治愈，最好的方式就是换新王，使得蜂群有 20 天的断子期，阻断寄主，从而达到治疗和预防的目的。蜂农在日常养蜂中也应多观察，对蜂群中抗囊状幼虫病的蜂群要格外关注。在平时育王中，有目的地进行选择育种，即利用抗病群来培育新蜂王，淘汰蜂群中的小群或不抗病的蜂王，逐步通过育种方式达到蜂场整体抗病的目的。

3. 流蜜期换王

在流蜜期前 15 天，将原群蜂王除去或囚禁，诱入王台换王（图 4–1）。采蜜期到来时，新王刚好产下一些蜂子，从而激励蜂群采蜜，可获得较高产蜜量。一般流蜜期前有些中蜂蜂王产卵量就开始下降，蜂群的积极性也降低，此时就要采取流蜜期换王，并选择在流蜜期到来前 15 天左右开始更换，这样有助于提高工蜂的积极性，从而提高蜂蜜的产量。

图 4–1　产卵旺盛的新王是维持强群的基础

二、中蜂换王的方式

1. 利用蜂王换王

诱入蜂王时应综合考虑蜜源、群势以及蜂王的行为和生理状态等因素，对诱入蜂王的成功与否有密切关系。一般来说，蜂群若失王不久，尚未改造王台或工蜂没有出现产卵之前，诱入蜂王较容易成功；外界蜜源丰富或没有发生盗蜂的情况下，诱入蜂王容易成功；给弱群或在夜间诱入蜂王容易成功；蜂王安静稳重或操作轻稳，诱入蜂王容易成功；外界气温较低或巢内饲料充足时，诱入蜂王容易成功。在诱入蜂王之前，应对蜂群进行详细检查，将王台全部毁掉，需要更换的老劣蜂王应在前 1 天提走。诱入蜂王时，根据具体情况采用不同的诱入方法。一般采用囚王笼将要换王的新王囚禁（图 4–2），缩小缝隙，让工蜂无法进入，以防咬死蜂王，放入蜂群靠近蜜脾的位置。2~3 天后，观察蜜蜂不围王笼后可放王，若继续围王，可喷水疏散蜜蜂，继续关王 1~2 天再放王。

图 4–2　利用囚王笼换王

2. 利用王台换王

当蜂群出现分蜂王台时，注意选留 1 个较大王台，其余王台毁除，并将原群蜂王剪翅，防止自然分蜂；也可利用中蜂母女交替的习性换王，人为剪去蜂王的翅或上颚、中足的跗节，使蜂王致残，然后诱入 1 个成熟王台换王。

三、秋季换王注意事项

（1）长期以来，在中蜂育王时，蜂农很少重视对父本的选择，常把精力放在了挑选母群上。选择良种，不仅仅是母本，父本母本都经过精心选择才是始终保证优良品种的前提。换王前要优选劣汰，无论选作父群或母群，都要求性状优良，即产卵率、抗病性、抗逆性及采集力等方面表现优秀。平时要多与蜂友交流，遇到其他蜂友表现不错的良种，可以适当引种，但不建议从外地尤其是外省引种，这种跨地区引种是导致中蜂囊状病暴发最可能的原因。培育父本雄蜂，需提前 2~3 周开始培育雄蜂。

（2）确定移虫时间，确保新王出房后的 1 周内天气晴好，为新王成功交尾创造外部条件。

（3）保证育王群的饲料充足。育王期间，如果巢内饲料不足，加上外界天气不佳，要给育王群必要的饲料补充。晚间饲喂，可刺激饲喂工蜂泌浆的积极性，保证新蜂王健康地成长。

（4）组织交尾群时，可以灵活安排交尾箱。一般交尾群可同时放 2 只刚出房的新王，前后各开一门，中间用闸板隔开。新王出巢婚飞，两只都交尾成功，就选择 1 只介绍到其他群，若只成功 1 只，就关一巢门，两群合并。

另外，选择一个交尾群，最好是无王群，暂时集中存留老王，待新王交尾成功后再处理老王。

（5）捕杀胡蜂：秋天时节，蜂场常常遭受胡蜂袭扰，发现胡蜂，要及时捕杀。同时，注意观察胡蜂的来回方向，寻找胡蜂巢穴，方能治本。还可用网兜捕获胡蜂，将事先配置好的“毒杀线”系于胡蜂腰部，放胡蜂回巢，采用“以虫治虫”方法杀灭胡蜂，保证育王工作不受干扰。

（6）注意防盗：秋季育王，要收拾好蜂场所有蜂产品，将蜂具等物品妥善保管。使用后的蜜蜂装置防止散落后串通气味，引起盗蜂（图 4-3）；不要轻易开箱检查，蜂箱更要密封等。

图 4-3　盗蜂导致蜂群饿死在箱底

秋季换王相对来说要复杂些，周密考虑是必要的，若考虑不周，在某个环节出了问题，会造成换王失败，酿成损失。因此，养蜂人要不断学习，不仅要提高养蜂技术，还应时时关注未来长期天气变化情况，了解蜜源植物的开花泌蜜规律，掌握蜜蜂育种相关的遗传学背景知识。另外，养蜂人也要与时俱进，关注网络，学会使用智能手机，闲暇之余经常浏览网店上的蜂具新产品，有时在预防盗蜂上可以起到一定的作用；及时关注养蜂科技尤其是蜂具的发展，一些可提高养蜂效率的蜂具可以买来试用，可在一定程度上提高养蜂管理效率。

第二节 培育适龄越冬蜂

秋繁新蜂大量羽化后，越夏蜂基本被更替。此时，便可着手培育越冬适龄蜂。秋季培育出的幼蜂已作排泄飞行，未曾参加抚育、酿蜜、采集等巢内外繁重工作的工蜂被称为适龄越冬蜂。

一、选择合适的场地繁蜂

蜜粉源是蜂群繁衍生息的物质基础。秋繁场地首先要确保外界蜜粉源充足，无有毒蜜源植物，以满足蜂群繁殖的需要。一般多选在海拔不高的浅山区，以玉米、瓜类、野生蜜粉源分布较多且交错开花的场地为佳。若蜜源不足，可以结合早喂和奖励饲喂越冬饲料，同样会取得较好的繁蜂效果。

二、谨慎加脾

在第一轮秋繁育成的新蜂已达到哺育龄时，蜂群内虽基本具备大量育儿所需的哺育力，但此时仍要特别注意，继续保持子脾整齐成片。不能匆忙加入空巢脾，必要时还需抽出一些巢脾，以保证在气温下降时，仍能保持蜂巢被蜜蜂覆盖，育虫区内的工蜂密度较大。直到又有大面积封盖子脾出现时，才能在蜜脾与封盖子脾之间加入 1 个空巢脾。待加入的巢脾又产满卵，一些卵已孵化为幼虫时，可在该框与蜜脾之间再加入 1 个空巢脾。以此类推。此时，不宜使用新巢脾育子。在已扩大的蜂巢内，成年蜂密度有明显下降时，表明第二轮育子已基本结束，要暂缓加脾。待到第二轮新蜂羽化出房后再作打算。事实上，在秋繁育出的第二轮新蜂中，已有相当部分扮演适龄越冬蜂的角色。如确有必要再繁蜂，可抓住第二轮新蜂羽化后，群势又有增强的时机，再繁一批蜂。但由于季节推进，此时调动中蜂哺育的难度进一步加大，需要运用多种措施，尤其要有充足的饲料作基础，才能继续保持蜂群的育子热情。用不同蜂箱饲养的蜂群，蜂王产卵满 1 框所需时间不同，但有规律可循。养蜂者要注意观察、把握，不能生搬硬套，才能使各项管理措施更为准确与规范。

如果感觉秋繁力度难把握，也可以稳取胜。通过调整蜂群、稳定饲喂、谨慎加脾，实现群势稳步增长。这样，虽没有新老蜂交替引起的成蜂数量变化，群势增长看似缓慢，但工蜂劳动强度不大，培育的新蜂强健，逐渐累积形成数量可观的越冬蜂。

对中蜂而言，秋季是很多地区的流蜜季节，此时由于外界蜜源的刺激，蜂群采集积极（图 4-4）。这时一定要控制蜂群摇蜜的次数，以免因蜂群采集秋蜜而导致寿命缩减，从而造成流蜜后期群势下降，影响蜂群的越冬。

图 4-4　采蜜旺盛的中蜂群

三、注意温度调控

随着秋繁的深入与气温的下降，要适时辅之以防寒措施。例如，在蜂巢外侧加隔板，缩小底通气窗，在覆盖上添加保温物等。秋季平均气温低于 15℃时，中蜂群势缩减更为明显。此时仍在秋繁的蜂群，应适当防寒保温。例如，适当缩小巢门，进一步缩小箱底通气窗或将其关闭；在箱外、箱底适当添加外包装保温物等。秋繁后期，要逐渐减少保温物，直至拆除所有保温物。例如，逐渐减少和拆去箱盖上、覆盖上的保温物；撤去箱壁、箱底保温物；开启箱底通气窗；撤去隔板等。使蜂群得到适当的抗寒锻炼。到拟定秋繁的最后一批封盖子脾老熟时，便可逐渐过渡到减少育儿至停止育儿时期的管理。

四、培育越冬蜂的具体操作

（一）培育适龄越冬蜂的管理措施

（1）选择场地：培育越冬蜂的场地，周围应有蜜粉源分布。摆放蜂群的场地要求高燥、避风、向阳或半阴半阳，不宜放在全阴的地方。

（2）病虫害防治（巢虫和囊状幼虫病）。

（3）平均群势。

（4）紧框奖饲。

（5）调节温度。

（6）及时断子。

（7）增强越冬蜂体质。

（8）更换新王。

（二）适时断子以增加越冬蜂寿命

在蜜蜂越冬准备中，除了给蜜蜂提供充足的饲料和病虫害防治外，最重要是大量培育越冬蜂。大量培育越冬蜂还有一个要求，即不但要大量，还要优质，而所谓的优质是培育出来的越冬蜂没有经过哺育工作和执行过采集任务。我们控制蜜蜂不采蜜和不哺育的方式就是让蜜蜂适时断子。控制中蜂蜂王产卵有以下两种方法。

1. 控制蜂路

培育越冬蜂，在寒冬到来之前温度开始下降，往往我们需要采用小蜂路与蜂多于脾才可以让蜂王大量产卵，所以可以巧妙地运用这个过程，在寒冬到来前与气候多变这个过程之间制造一个“短寒冬”。方法是在培育了最后一批越冬蜂时，先将前期进行保暖的保温物全部撤除，让蜂群暂时处于一个低温状态，给蜂群造成一个冬季已经来临的错觉，让蜂王停止产卵。

2. 巧妙运用蜂脾关系与蜂路

在最后一批越冬蜂培育完成以后，进入到寒冬与低温的临界时，此时已经不再适合培育越冬蜂，而如果我们在前期给蜂王创造的产卵条件还没有改变，蜂王是不会停产的，也达不到我们培育优质越冬蜂与适时断子的目的。既然可以通过缩小蜂路和保持蜂多于脾的方式来促进蜂王产卵，此时应在最后一批越冬蜂出房后，撤除前期的保温物，扩宽蜂路，将蜂脾比例调整为蜂脾相称，这样由于温度大幅度下降，蜂王必然停止产卵，但切记温度过低也需要适当保暖。经过这样的处理一段时间以后外界温度开始稳定进入到冬季，此时我们再进行真正的越冬包装，达到了培育优质越冬蜂与适时断子的目的，尤其是在比较暖和、冬季时间比较短的南方地区采用这样的方法比较好，还可以让蜜蜂在冬季充分利用冬季蜜源。

（三）适度饲喂

中蜂能够采集零星蜜源。一般在秋季及越冬时，不需要大量饲喂，我们推荐最后一次蜜源不要摇，留作蜜蜂越冬饲料，这样既能保证蜜蜂健康，又能减少人为操作而引起盗蜂。为保证越冬蜂顺利培育，应在 6 月中下旬（夏至前后）用新蜂王换掉老蜂王，抽出多余的空脾。夏至以后取蜜一定要稳，可只提蜜、粉脾 1/4，留 3/4，有意造成蜜、粉压产卵圈现象，7 月中旬停止取蜜、粉脾。9 月中旬限制蜂王产卵，结合治疗中蜂囊状幼虫病。8 月初由于部分地区蜜源萎缩，应及时加喂糖水，比例为优质蔗糖∶水∶自产蜂蜜 =10∶4∶1，另加 0.05% 的乳酸，加热煮沸半小时，依据中蜂摄食情况确定次数，10 月初停喂。

第三节　储备越冬饲料和预防盗蜂

一、越冬饲料的准备

中蜂秋繁能否成功，在很大程度上取决于巢内是否有充足的贮蜜。秋繁期人工饲喂目的之一就是为了使蜂巢内有充足的饲料贮备，确保工蜂育子积极性。因此，经常将辅助饲喂和奖励饲喂穿插进行。整理蜂群之初，贮蜜巢脾上蜜不足的，要及时给予高浓度糖浆，喂足装满。暂不加入产卵育儿用的空巢脾，而仅放置贮蜜用脾和 1/3 巢础框，是为了防止工蜂与蜂王产卵争巢房。在突击辅助饲喂结束后，才加入 1 个空巢脾。当然，这时加入的空巢脾，仍有可能被工蜂用来贮放从贮蜜框上转移过来的部分饲料。由此看出，平时保留满框封盖蜜的重要性。因为蜜蜂不会将封盖蜜大量咬开，再转贮于加入的空巢脾上，而是用多少取多少。这样，人工调控的做法才更容易奏效。在秋繁期，只要贮蜜巢脾上的蜜被明显消耗，就要及时饲喂。如果秋季蜜源或零星蜜源比较丰富的地区，可以储存蜜脾为主，不用饲喂。

由于白糖不会结晶，人工饲喂时可以采用饲喂白糖水与蜂蜜混合的方法,避免了结晶蜂蜜带来的麻烦。秋季给蜜蜂贮存足够的饲料，一般足够蜜蜂食用整个冬季。如果要给蜜蜂贮存越冬饲料，建议养蜂的朋友们从秋季最后的第二个蜜源开始贮存，如果想要多获得蜂蜜，也可以在秋季最后一个蜜源时开始贮存。如果不想饲喂白糖，在秋季最后蜜源取完第一次蜜后就不要再取，冬季的蜜蜂喂养主要还是在秋季，只要在秋季给蜜蜂备足口粮，整个冬季就可以不用开箱喂养。

二、盗蜂的预防及制止

（一）盗蜂发生的原因

盗蜂是指到其他蜂巢中采蜜的工蜂，盗蜂均发生在外界蜜源缺乏或枯竭的季节，是蜜蜂种内竞争的重要形式。当蜂群的密度超过自然界所能承受的压力时，蜜蜂通过盗蜂的形式实现食物资源的再分配，保留强者，淘汰弱群和病群。人工饲养的蜜蜂数十群甚至上百群被集中放置，远超过蜜蜂自然种群的密度，如果管理不善，在蜜源不足时就会产生盗蜂。由于盗蜂过程中厮杀死亡、围杀蜂王、蜂群饿死或迁居、高强度盗抢活动使盗蜂加速老化等，最后导致全

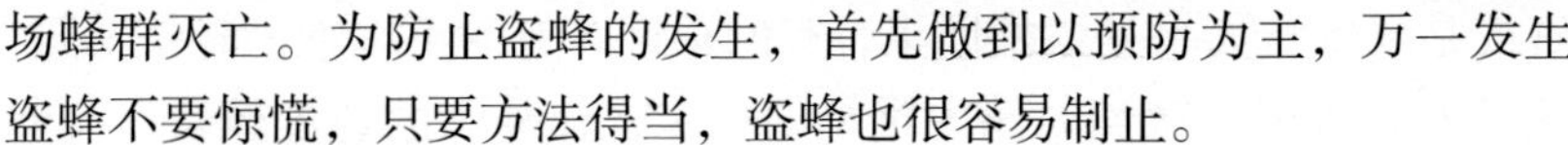

场蜂群灭亡。为防止盗蜂的发生，首先做到以预防为主，万一发生盗蜂不要惊慌，只要方法得当，盗蜂也很容易制止。

1. 气候原因

一般发生盗蜂的季节都是比较干燥，空气湿度小，蜂群有焦躁不安之感，正流蜜时突然下雨，蜜源中断，蜂群容易起盗。

2. 人为的管理不善

养蜂员检查蜂群时继箱开着没盖严，有蜂在箱前飞翔还不停看蜂；蜂场上有蜡屑不及时收拾干净；蜂箱有缝隙没堵塞严密；巢门过大等。

3. 品种原因

人工选育的一些品种可能盗性较强。

4. 秋季蜂群摆放不当

秋季蜂群摆放位置不合理也会引起盗蜂。在秋季准备繁殖季节，如 8—9 月，一旦流蜜期下雨，气温低，流蜜减少，会常引起盗蜂。这时，养蜂员千万注意全场动静，发现被盗群，一定要先缩小巢门，待天黑时再拉出 2.5km 以外止盗。拉走后，把被盗的蜂群位置放置一个空蜂箱，盗蜂没蜜可盗，自然不盗了。当蜂群中盗蜂比较严重时，只有通过转地（最好是蜜源条件较好之处）使环境发生改变，并重新分散放置，促使蜂群重新认巢，恢复秩序，才能达到全场止盗的目的。

5. 中、西蜂同场或相邻饲养

很多地区，尤其是山区与城市毗邻的地区，中蜂和西蜂的饲养规模都较大，加上蜜源结束或短缺的影响，很容易出现西蜂盗中蜂或互盗的现象，一般西蜂盗中蜂的情况较多，常导致中蜂严重缺蜜，甚至逃群。

（二）盗蜂的鉴别

勤查蜂群的飞翔情况，尤其是早晨到中午，发现有不正常的飞翔要详细观察原因再做处理，分清蜜蜂回巢是正常采蜜还是盗来的蜜或是采水？如果是盗蜂回巢，有的很饱，有的不太饱，轻挤其腹，吐出的蜜较浓且有当时箱内饲料的香味，往外飞的速度较快，飞起就直奔被盗群，而且大多是老蜂（尾部较黑）。正常采蜜的蜜蜂飞得较自由，飞出后会在巢箱附近转圈再飞远。正常采蜜的回巢蜂，轻挤其腹，吐出蜜汁较稀，有时令蜜源的味道。采水蜂通常在 8—9 时后开始采水，遇高温、干燥或箱内幼虫多时会更早些。

三、盗蜂的制止方法

在外界缺蜜季节，要注意填补蜂箱缝隙。检查蜂群动作要快，能箱外观察尽量不要开箱检查。取蜜时不要将蜂蜜洒落在箱外，尽量缩短每一群蜂的取蜜时间。饲喂蜜蜂时，一定要等蜜蜂归巢天将黑时才能饲喂，且饲喂量以当晚采食完为准。看蜂时间要短，尽量选择在早晨和傍晚蜂不出巢时看蜂。蜂场割下的蜡屑随时清理干净，同时巢门不要开得过大。

蜂群发生盗蜂后，可迅速缩小巢门，只留一两只蜜蜂进出空间的前提下，用棉签蘸适量的红花油涂擦在距蜂巢门口 2 ~ 3cm 的箱板上。箱板长度以稍长于原巢门宽度为宜，最好涂擦成包围巢门的弧线状。与此同时，在近巢门上方的箱壁上，蜂箱与盖子相接的四角以及其他有明显缝隙，蜜蜂爱跑爱钻的地方，都要涂上红花油，使蜜蜂所到之处，都充溢着红花油浓烈的气味。这样，少则 3 ~ 5 分钟，多至 10 分钟，蜂群打斗现象会明显减少，盗蜂亦相继离去，被盗蜂群可陆续恢复平静。因为蜜蜂嗅觉灵敏，对有刺激性的气味，畏而远之，当突然闻到浓烈红花油气味时，便会本能躲避，被盗群的蜜蜂出于誓死捍卫巢穴的本能，一方面不得不冒险忍耐，固守家门，另一方面逐渐后撤，退回巢门。需要提醒的是，红花油的涂擦量要适宜，以所用棉签基本饱和为原则，涂抹一层即可；红花油涂擦位置要恰当，切不可随手乱涂，防止盗蜂被制止的同时，被盗蜂群为了躲避刺激气味大量逃亡，从而造成更大的损失。

若是本场蜂群自盗，应首先找出作盗群，然后立即拿一空箱备用。

将作盗群移出一个箱位，并把作盗群的巢门翻转180°，在原址放上空箱。此时本群外勤蜂（包括作盗蜂）陆续回巢，进入空箱。进入空箱后，箱内面目全非，不见蜂王和同伴工蜂，盗蜂盗来的蜜糖无处可存，到处乱爬，乱成一团，积极性受到沉重的打击，此时再也无心作盗，盗蜂就此终止。两天后将空箱中的蜜蜂抖在原群巢门前，撤去空箱。傍晚待蜜蜂全部进箱后，将原作盗群搬回原位。

也有蜂农发现，如果是多群盗一群，可采取以下简单的止盗办法：蜜蜂停飞后把被盗群拉到不能飞返原处的新址，并对该群补足饲料。被盗群原址放置与被盗群相似的空箱体，并在箱内放置带有汽油味、机油味的砖块。同时，为了避免作盗蜂殃及相邻的蜂群，还要在相邻蜂箱周围挂上带有汽油味、机油味的草纸或布条。几天内作盗蜂还会在被盗群空箱周围盘旋，或进出空蜂箱，但作盗蜂得不到蜜，而是盗得汽油味、机油味。随着时间的推移，作盗数量会逐渐减少直至停止。当观察到没有蜜蜂在被盗群原址周围盘旋后，就可以于傍晚拉回被盗群放于原址进行统一管理。

第四节　胡蜂、巢虫的防治

一、胡蜂及其防治

（一）胡蜂的危害

在众多的蜜蜂侵袭性病害中，胡蜂对蜜蜂的影响较大，常见的有金环胡蜂、墨胸胡蜂、黑盾胡蜂、基胡蜂、黄腰胡蜂、黑尾胡蜂和小金箍胡蜂等7种。秋繁时胡蜂数量一般比较多，而在山区地带，每天袭击蜂群的胡蜂总数多达400只。胡蜂常在蜂箱附近飞翔盘旋，猎捕飞行中或巢门前的蜜蜂，也常侵入蜂巢盗食蜂蜜。根据初步统计，1只胡蜂1分钟内能咬死多达40只蜜蜂；最后胡蜂会占据蜂巢，约10天后，把幼虫和蛹搬回自己的巢穴喂养幼虫。胡蜂攻占蜂巢一般只发生在秋季，由于此时正值胡蜂的繁殖高峰，需要大量的蛋白质，食物的需求迫使胡蜂冒险攻占蜜蜂蜂巢。中蜂飞行敏捷，善于逃避胡蜂的捕捉，抗击胡蜂的能力较强，有时数十只中蜂将胡蜂包围，使胡蜂受热窒息而死。

（二）胡蜂的防治

1. 预防

为防止胡蜂由巢门及蜂箱其他孔洞钻入箱中，应加固蜂箱和巢门。胡蜂危害严重时期，要有专人守护蜂场，及时扑打前来骚扰的胡蜂。胡蜂危害后，巢门前的死蜂要清除干净，避免下次胡蜂来时攻击同一箱蜜蜂。

2. 防治

（1）使用农药毒杀。要根除胡蜂的危害，可用农药摧毁养蜂场周围的胡蜂巢。可在养蜂场上捕擒来犯的胡蜂，给其敷药（如杀虫剂）后放飞，返巢后的胡蜂可毒杀胡蜂巢穴内的其他胡蜂（图 4-5，图 4-6）。

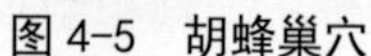

图 4-5　胡蜂巢穴

图 4-6　在蜂场附近停留的胡蜂

（2）人工拍打。使用木板拍打蜂场中的胡蜂，通过人工拍打消灭侵袭的胡蜂。

（3）蜜醋诱杀。广口瓶内装入 3/4 蜜醋（稀释醋调入蜂蜜），挂在蜂场附近诱杀胡蜂。

二、巢虫的危害及防治

（一）巢虫的危害

巢虫（大蜡螟）危害的主要特征是封盖子脾上出现“白头蛹”。死蛹巢房被工蜂咬开后，呈平头状，头部隐现淡紫色的复眼，夹出的虫尸是蜂蛹。脾上个别地方偶尔也会出现如中囊病样的“尖子”，但数量少、不连片，呈线状走向，可与中囊病相区别。巢虫危害的蜂群还有其他症状，如巢脾表面坑洼不平（系工蜂咬脾清理巢虫所致），越是老旧的巢脾，坑洼的面积越大；箱底蜡屑多，甚至其中有巢虫。根据这些情况，即可判定为巢虫危害。巢虫在气温较高的季节危害严重，故其发生危害期通常在 5—10 月，10 月后至次年 3—4 月，巢虫处于越冬蛰伏期，停止危害。

（二）巢虫的防治

1. 饲养强群

强群不露巢脾是抵御巢虫攻入的基础。

2. 选址避光

箱址要选夜里能避开灯光和月光的地方，以防蜡蛾进箱产卵。特别是晚上最后被熄灭的灯下，围灯的蜡蛾闻蜜味容易找到巢门进入蜂箱。

3. 勤换箱

蜂箱是中蜂繁殖和生活的场所，中蜂喜爱干净，蜂箱的干净与否对中蜂至关重要。但中蜂清巢能力弱，尤其是在越冬和流蜜期过后，蜂箱内潮湿并有黑色霉变，同时会产生许多蜡屑，极易滋生巢虫，因此，应勤换蜂箱。通常在蜂场中多留一些蜂箱，换箱之前，放太阳下暴晒几日，发现蜂箱底部蜡屑较多的蜂群，及时用预留的蜂箱替换，每次换下的蜂箱可用以下方法消毒：①首先用起刮刀将蜡屑、蜡痕、黑色霉变处、丢弃的蜂粮和蚁窝全部刮掉；②用开水浸泡，不仅可以杀灭虫卵，同时可以起到一定的消毒作用；③用无公害酒精消毒蜂箱，放置 2 小时后，用清水冲洗并晾干；④在情况允许的情况下，太阳下晒 1 小时，利用紫外线进行消毒。换箱之后，蜂群不仅异常兴奋，出勤更加积极，而且中蜂囊状幼虫病和欧洲幼虫腐臭病发生的几率大大降低，巢虫不易滋生。

4. 用新脾

中蜂新造巢脾颜色白色或淡黄色，淡黄色巢脾是由于花粉的脂溶性类胡萝卜素或其他色素所导致。中蜂蜡腺分泌的蜡鳞都为白色，而经中蜂口器咀嚼并加入消化酶，使之成为柔软富有弹性的蜡质时，会混入色素，因此有些新造的巢脾是淡黄色。但随着育子代数的增加，巢脾的颜色不断加深。巢房壁每育一代子，蜂蛹蜕下的子衣附着一层在巢房壁上，使巢房壁不断加厚，巢房孔径不断减小。中蜂蜂王喜欢在新脾上产卵，工蜂喜欢在新脾上贮蜜和贮粉，这种生物学特性与西蜂有所差别。巢脾过于老旧，培育出的蜂体型小且采集能力弱、巢脾有效产卵面积小、成蜂率低、易花子、易发生病害，而且易滋生巢虫。常年用新脾，不仅群势大，而且不易滋生巢虫。

5. 密集群势

特别是在越冬、度夏和流蜜期后，在群势下降、温湿度又适宜以及巢脾老旧且蜂少于脾的情况下，极易出现巢虫为害。因为巢脾过多，蜂群无法完全护脾，最终巢虫肆虐。遇到此种现象，解决的办法就是密集群势。同时群势越强，群体的抗巢虫性能越强。中蜂喜欢密集护脾，除夏季保持蜂脾相称外，其余时间保持蜂多于脾，无巢脾暴露在外，蜡蛾无法上脾产卵，自然无巢虫之虞。上述方法看似老生常谈，方法极为平常，却行之有效，效果极佳。

6. 药物防治

早预防早谋划是防巢虫的法宝。每年开春，结合蜂箱清洗消毒，所有自用蜂箱用 1∶1 000 20% 的氯虫苯甲酰胺悬浮剂喷液预防一次；也可在蜂箱底部靠近巢门处，放置市售“巢虫清片”，弱群 1 张，强群 2 张。也可网购德国联邦公司生产、国内包装的“康宽”，该药对螟蛾科昆虫敏感（巢虫属螟蛾科），而对蜜蜂（属膜翅目）毒性较低。

第五章 中蜂群的越冬管理

秋季流蜜结束到第二年包装春繁这段期间，称为蜂群的越冬期。这时气温下降到 7~12℃时，蜜蜂飞翔停止，蜂群开始在巢内结团，此时蜂群即进入越冬期。蜂群越冬的目的，在于使蜜蜂群体处于“半休眠”状态。蜜蜂个体生理机能得以恢复，待春暖花开，促成蜂群在培育蜂子、泌蜡造脾、采蜜采粉等方面表现出更大的活力。越冬期是中蜂养殖成败的关键点，此时管理重点有两个方面：其一是越冬前要为蜂群补充足够的食物，因为越冬期工蜂结团并靠吃蜜产热，食物不足蜂群会被饿死或冷死；其二是要做好蜂箱的保温工作，但保温的原则是“宁寒勿暖”，原因是保温过度会促使蜂群散团而导致越冬失败。概括起来越冬蜂的管理，就是“蜂强蜜足，加强保温，向阳背风，空气流通”16 个字，也可以说是蜂群安全越冬的基本条件。

很多养蜂朋友在冬季会把蜂箱封得严严实实的，如图 5-1 所示，对于严寒地区或长江中下游的春季保温时，可以参考西方蜜蜂的这种包装模式，但大部分南方地区或冬季温度在 0℃上下时，不必采用这么严实的包装。在这些地区，采用蜜蜂严重多于

图 5-1　西方蜜蜂的越冬包装

蜂脾、蜂路调到最小的方式保温，实际上并不是最好的方式。蜜蜂拥有一定的温度调节能力，冷一点蜜蜂可以进行调控，而过度保温导致温度过高引发的空气不流通容易造成蜜蜂的热伤，这种伤害往往不可逆转。所以，在做好内外保温的情况下，蜜蜂越冬采用蜂脾相称的宽蜂路越冬相对比较安全。由于内外保温做好，调整蜂脾相称和宽蜂路，实际上巢温并不会很低，经过蜜蜂的自我调节，比封闭式高度保温越冬相对比较安全。

第一节　蜂群越冬前的准备

蜜蜂是社会性昆虫，蜜蜂的生活随着季节的交替而发生变化，冬季饲养管理关系到蜂群的越冬成败。在越冬期中蜂依靠群体产生的温度来度过严寒的冬天。中蜂的冬季饲养管理是为来年春季繁殖和获取蜂蜜丰收作准备，因此，保证蜂群安全越冬显得十分重要。

为了蜂群能安全越冬，越冬之前，在饲养管理上应做好以下几点。

一、培育越冬适龄蜂

中蜂在繁殖采蜜季节，由于哺育蜂儿、采蜜和修造巢脾的任务繁重，工蜂的寿命只有40~60天。越冬期的工蜂寿命要求达到80~110天，才能度过冬天。越冬蜂是没有参加过采集工作的蜜蜂，体内贮存着较多的蛋白质和脂肪，咽腺保持着发育状态，这样的工蜂寿命较长。培育越冬蜂的主要技术要点如下。

① 在最后一个蜜源前期加础造脾，促进蜂王产卵，加速越冬幼蜂的增殖。

② 加入空脾，扩大产卵圈。

③ 注意保温，保证蜂群正常繁殖。

④ 紧缩巢脾，增加巢温，使幼蜂正常孵化。

⑤ 密集蜂量，防止盗蜂。

二、越冬蜂群的要求

1. 群势强壮

中蜂强群是指秋末蜂数达到 6~8 框蜂的群势。这样的蜂群越冬死亡率低，早春蜂群发展快。

2. 适龄越冬蜂多

是指越冬前出房的幼年蜂要多，才能够保证有大量的工蜂能够度过严寒冬季，才能为春繁时积累较多的哺育工蜂。

3. 越冬贮蜜充足

6~8 框蜂的群势需要贮存蜂蜜 5~6kg，才能保证越冬期不缺饲料，且中蜂推荐使用封盖蜜脾越冬。

4. 优质蜂王

优质蜂王的产卵力强，早春产卵早，有利于冬季保存力量，加速早春繁殖。

5. 密集群势

抽出多余的巢脾，缩小蜂路，密集蜂数有利于工蜂结团。还可以减少巢内潮湿和蜂蜜的消耗。

三、越冬定群

实践经验证明，强群越冬利于保温，成活率高，早春繁殖也快，一般 3~4 框以上蜂越冬较理想（图 5-2），虽然 1 框左右的群势也能越冬，但饲料消耗大，成活率低，早春繁殖慢。因此，在越冬前要做定群工作，包括去掉劣质蜂王，抽强补弱，双群同箱越冬等。即在严寒冬季到来之前，做好蜂

图 5-2　越冬蜂群的箱内包装

群的调整，只有一脾的蜂群，淘汰老弱蜂王，合并到产卵较好的蜂群中，同时，从强群中抽出正在出房的封盖子脾，调到小群中，让小群在短期内，群势迅速提升，保证小群能够顺利越冬。

四、贮藏巢脾

秋季从蜂群中抽出的巢脾，要用起刮刀刮净巢脾上的蜡屑，用快刀削平突起的房壁，再用 5% 的新洁尔灭水溶液喷雾消毒，待药液风干后存放，妥善保管。贮藏巢脾一般可以用饲养西方蜜蜂的继箱，每箱放 8 张，根据巢脾质量好坏，将蜜脾、半蜜脾、粉脾、空脾、半成脾等分别存放，蜜蜂贮藏前用硫黄或二硫化碳熏蒸 2~3 次。用硫黄熏蒸的，每 10 个巢脾用充分燃烧的硫黄 3~5g，每次熏 4 小时，有条件的可建结构密闭、便于熏蒸和防鼠的贮藏室，室内设放巢脾的架子，如果条件允许，配备紫外线消毒设备效果更好。

五、做好防止盗蜂等其他管理工作

秋季，特别是深秋，蜜源缺乏，比较容易发生盗蜂，因此养蜂人员要做好预防工作。另外遇到低温要注意巢内保温，适当缩小巢门，保持蜂数适当密集。

六、贮备越冬饲料

选留封盖蜜脾是秋季管理的一项主要工作，因为越冬前临时饲喂蜜汁或糖浆会增加蜜蜂工作负担，如蜜脾来不及封盖，冬季容易变质，造成蜜蜂下痢。因此，在秋季最后一个蜜源时，有选择地保留一些不带蜂子的封盖蜜脾，并放在凉爽通风的地方保存，为防止巢虫危害，可用硫黄等药物熏杀，方法是每个继箱放 8 个蜜脾，几个继箱放在空巢箱上，箱内点燃硫黄，关严巢门，最上面继箱上盖好纱盖和大盖，各箱间缝隙糊严。若最后一个主要采蜜期未能留到或留足越冬饲料，应在蜂王接近停止产卵前，突击饲喂浓度较大的糖浆（2 份糖、1 份水）或蜜汁（10 份蜜、1 份水），三四天内把蜂群喂足，待蜜脾封盖后抽出或直接留在巢内作越冬饲料。

第二节　越冬蜂群的管理

一、越冬方式及时间

南方一般在11月中旬，北方一般在9月底至10月初着手准备蜂群越冬工作。

冬季饲养管理的首要任务是保证蜂群安全越冬。我国南北冬季差异大，因此，越冬方式也不同，一般分室外与室内两种。南方冬季时间短，一般为两个月左右，气温相对高，多采用室外越冬。北方（尤其是东北和西部严寒地区）冬季漫长，长达5~6个月，气温相对低，多采取室内越冬。南方山区的冬季，因小气候特征明显，直到11月上旬蜂群还处于活动阶段，部分地区还能采集到冬蜜（如枇杷蜜），因此一般12月上旬才进入越冬，整个越冬期仅两个月左右，且温度相对高，蜂群活动几乎不停止，因此，低山远比半高山、高山的越冬蜂群成活率高。

保持蜂群安静，饲料充足，控制好温度，减少蜜蜂出巢活动，确保蜂群安全越冬。冬季是保存蜂群实力的季节，安全越冬是首要任务，保证蜂群安全越冬的准备工作，如培育适龄越冬蜂、使蜂群达到预定的越冬群势、备足越冬饲料等，均应在秋季管理中完成。蜂群越冬的管理是在做好上述工作的基础上，使蜂群安全越冬，不失王、不死王，防止因缺蜜而饿死、冻死蜂群。

二、中蜂冬季温度适应性

中蜂个体比较耐寒，个体的安全临界温度为10℃。中蜂在气温5~6℃时出现轻度冻僵，2~4℃时开始完全冻僵，0℃时完全冻僵。观察研究显示，在福建，中蜂在气温9℃就能安全采集鹅掌柴蜜源；在晴天，即使阴处气温只有7℃时，中蜂也能大量出勤采集柃树蜜源。

据观察，气温低于 14℃时的鹅掌柴花期，中蜂蜂群出勤数明显高于意蜂蜂群。中蜂耐寒的特性，有利于利用冬季蜜源。另据观察，在黑龙江省大兴安岭林区的野外中蜂群，能在冬季 -30℃以下的树洞中安全过冬；春季平均气温 1~2℃时，群内蜂王便开始产卵繁殖后代，比意蜂蜂群提前半个多月。通过对北京中蜂越冬蜂团的测定发现，中蜂冬团内温度十分稳定，这也证实中蜂是一个抗寒性强的蜂种。

三、蜂群越冬期的饲养管理

中蜂的越冬期是从工蜂结团，蜂群形成球形并停止巢外活动时开始，这时蜂团中心的温度一般在 14~18℃，表层的温度保持在 6~10℃。当外界温度高于 10℃时，蜂团就松散；低于 6℃时蜜蜂就能安静地越冬。蜜蜂靠吃蜜来维持蜂团内部的温度，蜂团内的蜜蜂往外爬，蜂团外面的蜜蜂往中心移动，这样保持了冷暖的交换，使蜜蜂在活动的形式中度过冬季。

（一）选择越冬场地

选择越冬场地是确保蜂群越冬的关键。由于山区的地形极端复杂，阴坡与阳坡，山上与山下温差都很大。为了蜂群能安全度过冬天，应把蜂群放在背风向阳的地方，这样安排不但节省越冬饲料，而且降低越冬蜂的死亡率。为了保持蜂巢干燥，除定期更换保温物外，还要在蜂箱箱盖上加盖防雨物件，防止巢内潮湿，减少工蜂下痢等疾病的发生和死亡，蜂箱底部垫高 15~20cm，蜂场周围要有排水沟。

（二）越冬蜂巢的布置

在越冬期，为了密集蜂群保持巢温，抵抗严寒，工蜂常有咬毁旧巢脾的习性，咬脾后的蜡屑掉在蜂箱底，来年春天容易滋生巢虫。为了防止工蜂咬脾，把越冬蜂巢布置成倒“凹”形，有利于蜜蜂结团。做法是：把贮蜜不足的巢脾削去 1/2 或 1/3，放到蜂巢中央，然后向两边的蜜脾依次减少削去面积；蜂巢再侧放两个全蜜脾，使整个蜂巢中部有一个类似半球形的倒“凹”形空间，越冬蜂在缺口处结团，

“凹”度大小和框数多少根据蜂群结团的大小而定，使蜂多于脾。

当蜂王停产后，将蜂数调至蜂脾相称，或略多于脾，再将蜂巢中间 1 张脾下部截去一半或 2/3，两边的脾切留多些，使蜂巢成“凹”形，同时放宽蜂路，保持 14~16mm，便于蜜蜂结团保温。

为适应中蜂结团在巢脾下部、结团紧密这一生活习性，越冬蜂巢的布置应是：中心部 2~3 脾上部有蜜下部空房的半蜜脾或者少半蜜脾，外边各放一张下部有少量空房的大蜜脾。因为中蜂为保持结团的紧密，往往要抠掉巢脾下部的大片巢脾。如果都是封盖巢脾，蜜蜂在咬脾过程中就要大量吃蜜，吃蜜太多，在冬季由于气温较低，无法排泄飞行，导致积粪过多，造成越冬后期易出现下痢，将会造成严重损失。

（三）越冬包装及保温防寒

随着外界气温的下降，蜂群越冬便陆续开始，工蜂此时主要依靠吃蜜产生的热量来维持群体的生存。中蜂具有很强的耐寒性，强群在 6℃以下、中等群 8℃以下、弱群 11℃以下时才不出巢活动。虽然中蜂抵御严寒的能力比西方蜜蜂强，但是遇上寒潮来临，蜂箱外出现冰冻，气温降到 -2℃以下时，适度的防寒保温非常必要。常见的保温方法：蜂箱内填充棉絮旧衣服（图 5-3）；蜂箱底部垫上稻草（图 5-4）；蜂箱周围包上草垫（图 5-4）。同时要缩小巢门，封好蜂箱裂缝。遇上特别寒冷时，可以把蜂箱搬到室内越冬，待外界气温升到 6℃以上时，再把蜂箱搬回蜂场。

图 5-3　用于蜂群保温的废旧棉絮

图 5-4　用稻草垫于蜂箱下进行保温

蜂群的保温需要灵活多变，主要是依据气温的变化来进行，随着气温的下降，对蜂群的保温措施还需要及时进行改进。“立冬”以后，箱内框梁上只盖覆布；“冬至”以后，箱内覆布上盖小棉被。1~2 框的储备王群，可往繁殖区塞些保温物。

1. 没有蜜源地区的越冬操作

秋季最后一个蜜源结束，在冬季没有蜜源的地区，待幼蜂全部出房后，要抽出粉脾、新脾经冰箱低温冷冻后或用硫黄熏烟后保存；巢内保留保温性能较好的老脾、蜜脾。另可根据群势，将中间 1~2 张脾的下方 1/3~1/2 处削去，使蜂易于结团，同时也起到外界气温升高、控制蜂王产卵的作用。另外，要及时撤出箱内保温物，放宽蜂路至 15mm，使蜂安静结团。

2. 有蜜源地区的越冬操作

冬季有蜜源的地区（如野桂花、野坝子、鸭脚木、枇杷等），可不削去巢脾底部，保持蜂巢的完整性，边繁殖边取蜜。在冬季气温较低的南方地区，仍然要加强保温，密集群势，保证蜂群正常繁殖，这不但对采集冬蜜有好处，也为利用第二年早春的第一个大蜜源（如油菜）打下了良好的群势基础。

3. 南方冬季不需要包装地区的越冬操作

南方冬季偏暖地区的蜂群，越冬期一般都不用做外包装。但在有些地区，应对蜂箱适当进行保温处理。例如，我国南方一些高海拔、日照好的山谷地区（如四川省阿坝州），由于山谷的“焚风效应”，当出太阳时阳光直晒蜂箱，会提高箱内温度，越冬蜂群由于受到强光和高温的刺激，会散团出巢飞行。但太阳被云层遮没后，温度又会在瞬间陡然下降，以致外飞蜜蜂冻僵而无法返巢，导致越冬群势下降。因此，这些地区在蜂群开始越冬时，应对蜂箱的巢门做适当改造，即用一根小树条弯曲成弓形后，置于巢门前，然后将泥巴、牛粪、柴灰（或石灰）混合揉匀，在小棍到箱壁之间筑起一道弧形巢门，只留一个让一只工蜂出入的小孔，用于遮光、保温。当出太阳时，箱内温度增高，工蜂出巢，但感到外界气温较低，不宜飞行，又会折返入内，以避免蜂群损失。此外，西南一些深山区，由于冬季常有降雪，这些地区也需要适当的箱内或箱外包装，以保证蜂群度过严寒。

4. 北方冬季需要外包装的越冬操作

我国北方冬季寒冷，外界气温常在 -40 ~ -15℃，因此蜂群在室外越冬时，需进行内外包装。包装的基本原则是“蜂强蜜足，背风向阳，空气流通，外厚内少，宁冷勿热，逐步进行”。蜂群断子后，要先撤掉内保温，降低巢温，控制产卵。对 4 框以下的蜂群，组成双王同箱群或合并备足越冬饲料。蜂路 15mm，以利于蜂群结团（图 5-5）。

图 5-5　已经结团的越冬蜂群

5. 极寒地区冬季包装

极寒地区（如东北）也可以用土坯、砖、木板、树条等做成高 70cm 左右的“∩”形的三面围墙。围墙的宽度与蜂箱的巢门踏板齐平，长度可根据蜂群数量来决定，一般以 3~7 群为一组较为合适，在围墙底部垫上 1cm 厚的干草，抬上蜂箱。然后在箱底及围墙的两个挡头及箱盖上填 10~15cm 厚的干草、麦秸，箱与箱之间塞麦壳、糠壳或锯末、碎草。在蜂箱的每巢门前放一个“∩”形桥板，蜂箱前面再放一块挡板，挡板上的缺口应正好与“∩”形桥板大小一致，使巢门与外界相通，挡板与蜂箱前壁之间（除巢门外）也要填保温物。最后在箱上面的覆盖物上加盖湿土 2cm 封顶，冻结的湿土能防老鼠侵入。包装前要把蜂箱布下面有蜜蜂的一角叠起，并在对着叠起覆布的地方放一个 8cm 粗、15cm 长的粗草把，作通气孔，草把上端要在覆土之下。蜂群内部包装可参考（图 5-6）来进行。

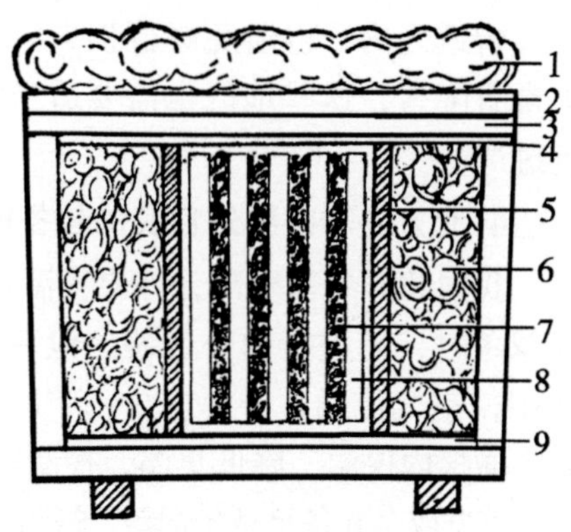

图 5-6　箱内包装顺序

1.棉垫　2.报纸　3.覆盖　4.覆布　5.隔板　6.保温物　7.蜜蜂　8.蜜脾　9.垫板

（引自龚一飞，1981）

6. 包装时间

中蜂耐寒力强，当气温低于 -4℃时开始包装。对于 6 框以上的强群，将巢脾放置在蜂箱中间，在隔板两侧的空隙加入干草做保温物，而不需要添加棉质品这种较厚的保温物。蜂群的外包装，可用麦秸、干草等疏松物垫在箱底，厚 10cm。当气温低于 -10℃时用干草或麦秸做成 4~5cm 厚的草帘，盖在箱盖上和围在蜂箱的后面及两侧。当气温较高时，蜜蜂大量飞出，说明巢内太热，可暂时撤除蜂箱外部保温物，放大巢门，加强通风散热。从包装后到蜂群早春排泄前，蜂箱的巢门前均要用木板、厚纸板、草帘或其他物体遮掩，以免阳光照射，刺激蜜蜂飞出巢外冻死。

在给蜂群备足越冬饲料的前提下，用塑料薄膜加草帘围住蜂箱的左、后、右三面保温，再用石棉瓦斜搭在巢门前，给工蜂留出进出通道，单箱越冬。雪大时铲除石棉瓦两侧的积雪，也取得了很好的越冬效果。

蜂群包装宜在 11 月中旬完成。冬季温度达 -30℃（12 月左右）要培雪，培雪厚度 17~33cm，培雪可防老鼠进入蜂群，也能增加保温效果。春季积雪开始融化时，要先把蜂箱上的积雪清除，在排泄

行前 0.5 个月左右，再清除后面及左右两侧的积雪。使用此法包装的巢门要有 13cm 长、1~2cm 高。从包装时到 11 月下旬要完全打开，12 月初要挡上大门留小门，12 月末全挡上。到 1 月初在巢门外面还要用一些旧棉絮等物挡住，但不要堵死；2 月初在箱门外面撤去旧棉花，2 月末开小门，3 月上旬可视情况使用大门。

四、越冬期蜂群的内部状况及注意事项

（一）内部情况

随着越冬期临近，工蜂开始结团成球形并停止巢外活动。蜂团中心的温度一般在 14~18℃，表层的温度保持在 6~10℃。当外界温度高于 10℃ 时，蜂团就松散；低于 6℃ 时，蜜蜂就安静地越冬。蜜蜂靠吃蜜来维持蜂团内部的温度。蜂团内的蜜蜂缓慢地向外移动，蜂团外面的蜜蜂向中心移动，这样进行冷暖交换，保证蜂团整体维持在一个安全的温度。蜜蜂在半休眠的状态下度过冬天。

（二）防虫害

在冬季蜂群要防鼠、鸟害和遮光。在越冬期要缩小蜂箱的巢门，一方面可以减少冷风吹入，另一方面可以防止老鼠窜入蜂箱，破坏蜂巢。蜂群在越冬期经常遇到啄木鸟等鸟类的危害。啄木鸟先在蜂桶上啄个洞，然后啄食正在冬眠的工蜂。如果不及时防止鸟害，整个蜂群的工蜂将被啄木鸟吃光。控制措施是在蜂箱周围包裹棉被等，或者把蜂群搬到室内。在越冬期，蜂箱朝南向的蜂群，阳光照射巢门，刺激工蜂出巢飞翔，此时外界温度低，工蜂飞出巢后很快冻僵。防止的方法是用纸板遮挡阳光。越冬期蜂群管理得当，可以保存蜂群的实力，为来年春季繁殖和夺取蜂蜜丰收打下良好的基础。

防蚂蚁成群偷食。蚂蚁喜欢甜食，尤其黑黄两色的小蚁最为厉害，若无防备，不仅偷食糖水，严重时可大量暂栖于蜂箱盖内外（图 3–9），最后迫使弱群蜜蜂举家迁逃。

防治蚂蚁危害主要有以下 3 种方法：一是注意寻找蚁窝，彻底

毁巢；二是将蜂箱架的四条腿，安放在盛有清水的盆或桶内（也可用易拉罐，如可乐瓶），形成蚂蚁无可逾越的水域，并使箱体独立于空间；三是及时查箱，发现后当场消灭，但千万不可用灭蚁灭蚊类药剂喷杀，因该药对蜂子威胁很大。此外，蟑螂等昆虫也喜欢潜入蜂箱内偷食糖水、蜂蜜，一旦发现，应尽力将其消灭。开箱时间不能太长，尤其不要将投喂和查箱混在一起，以免时间过长引发盗蜂。

第三节　特殊地区的冬季管理

一、长江中下游地区越冬管理

长江中下游地区是我国中蜂的主要分布地区之一，冬季气温一般较高，但很多山区的温度也会降至0℃以下。通常对强群来说，只要有足够的饲料无需特殊保温。要把蜂箱放在背风向阳的地方，箱底要高出地面15~20cm即可，覆盖上要垫一些报纸，箱盖披一条麻袋，为防止漏水麻袋上还要加上一块防雨布，要缩小巢门，扩大蜂路。尽量利用冬季气温降低，让蜂群结团或让蜂王停止产卵。如果遇到气温骤降的严寒天气，则需要适度包装，以度过严寒。

二、严寒地区越冬管理

严寒地区，如东北和西部省份，冬季气温一般都在零下十几度以下，人工饲养的中蜂需要适度进行越冬包装以度过寒冬。遇上寒潮来临，蜂箱外出现冰冻，气温降到-2℃以下时，防寒保温显得特别重要。保温方法是：① 蜂箱内填充棉絮旧衣服；② 蜂箱底部垫上稻草；③ 蜂箱周围包上草垫，同时要缩小巢门，封好蜂箱裂缝，遇上特别寒冷天气，可以把蜂箱搬到室内越冬，待外界气温升到6℃以上时，再把蜂箱搬回蜂场；④ 在确保安静、黑暗条件下利用巢门这一窗口，调节好巢内温度。使巢内温度稳定在“冷不结冰，热不散球”

这一标准。事实证明，在蜂团不散状态下，还应使蜂群尽量暖和一些，这样可以减少饲料的消耗和增加蜜蜂的寿命。

三、越冬期蜂群出现异常的补救措施

蜂农在蜂群越冬期间应多做箱外观察，尽量少开箱检查，只有遇上特殊情况如发现鼠害或工蜂下痢等情况时，才开箱检查并加以处理。越冬正常的蜂群，巢内死蜂很少，用手指轻弹蜂箱，可以听到蜂群发出强烈而和谐的响声。饥饿的蜂群发出的声音软弱无力。发现蜂群缺蜜要尽快补充蜂蜜，或加上蜜脾，避免蜂群饥饿。不能等到巢内蜂蜜耗尽再补充饲料。蜂群在耗尽蜂蜜时蜂团内部的工蜂钻进巢房内，外层的工蜂掉下箱底，这时即使补充蜂蜜也无济于事。对于发生鼠害的蜂群要尽快更换被老鼠咬坏的巢脾，堵塞蜂箱上的鼠洞。

第六章 流蜜期蜂群管理

养蜂人饲养蜜蜂的主要目的是获取蜂产品高产，主要蜜源植物（图 6–1 至图 6–3）花期（大流蜜期）是养蜂生产的主要活动季节。因此，做好流蜜期到来前的蜂群准备工作对养蜂来说是一项核心技术。由于中蜂的蜂产品相对单一，大部分饲养中蜂的蜂农都是以采蜜为主，在大流蜜期，只有具备大量适龄采集蜂（日龄在 2 周以上的蜜蜂），并有充足封盖子脾的蜂群才能获得高产。因此，必须在大流蜜期以前培育大量适龄采集蜂，并在大流蜜期期间加强蜂群的饲养管理。

图 6–1　采集油菜蜜源的中蜂

图 6–2　云南的主要蜜源——鬼针草

图 6–3　东北的主要蜜源——椴树

第一节　饲养强群

实践证明，强群（图 6-4）的采集、酿制蜂蜜、哺育幼虫、调节巢内温度和抗病等能力都较强。强群培养的工蜂体壮、寿命长、采集力强，在流蜜期容易获取高产，并保持常年相对稳产。因此，强群是高产、稳产和取得良好经济效益的主要决定因素。要培养强群，除了掌握先进的饲养技术和方法外，更重要的是要满足培养强群所需要的内外条件。中蜂一般不易养成和保持强群，由于中蜂喜好密集，造脾不易满框等原因导致中蜂难上继箱，但部分蜜源很好的地区，可以尝试加浅继箱进行取蜜或生产巢蜜。因此，中蜂在流蜜期常保持平箱采蜜。

图 6-4　强群饲养的中蜂

一、饲养强群的条件

蜜源、粉源丰富是能够获取中蜂商品蜜的前提条件，一年至少有两个连续的主要蜜源。在养蜂中使用质量优良的蜂箱等机具，贮备充足的饲料，备有预防病敌害的药物，使用年轻优质的良种蜂王，掌握人工育王技术，一年至少换王一次。养蜂人员还需要良好的技术和丰富的操作经验，能够正确实施因地制宜的管理方法和措施。

二、饲养强群的方法

（1）饲养强群应从前一年的秋天抓起，利用秋季蜜源，做好蜂群的增殖工作，培育大批适龄越冬蜂，贮足饲料；使用年轻、产卵力强的蜂王，保证越冬后以蜂多于脾。

（2）在春繁期间应加强保温工作，补足饲料，进行奖励饲喂，促进蜂王产卵，及时加入巢脾扩大蜂巢，给蜂王提供充足的产卵空间，使蜂群中的新蜂尽快取代越冬蜂，进入蜂群增殖期，群势快速增长，为大流蜜培养大量的适龄采集蜂。

（3）任何时候都要保证巢箱内有充足的饲料和供蜂王产卵的空间，应经常进行箱内调脾。在保证无病的情况下，还要做好蜂场内子脾的调换，即强群要出房的封盖子补到小群、弱群，小群里的卵脾调到强群，逐步将蜂场的小群发展成强群。

（4）在大流蜜期间，应减少蜂王产卵（蜂群自身会调节，大流蜜期通常出现蜜压子脾的现象，即储蜜区把子脾压缩的只有很小一部分空间），让工蜂集中力量投入生产。为了防止流蜜期结束后蜂群蜂势下降，可组织一部分辅助群，通过从辅助群内提出子脾补给采蜜群，维持蜂群的群势。

三、保持强群的主要措施

（1）使用蜜蜂良种。

（2）保证饲料充足。

（3）预防分蜂和控制分蜂热。

分蜂热的主要表现：巢内出现大量的雄蜂，工蜂积极筑造王台。部分王台内已有受精卵或幼虫，蜂王的产卵量明显下降，腹部逐渐变小，工蜂出勤率降低，消极怠工，巢脾下方和巢门前，工蜂连成串，形成“蜂胡子”（图 6–5）。养蜂中应有目的地筛选分

图 6–5　分蜂的前兆——“蜂须”

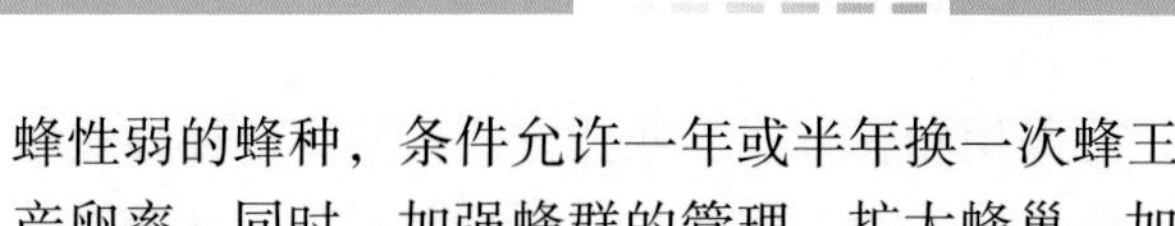

蜂性弱的蜂种，条件允许一年或半年换一次蜂王，保证蜂群强盛的产卵率。同时，加强蜂群的管理，扩大蜂巢，加强通风，让蜂王有产卵的空间，避免巢内蜜蜂拥挤，在蜂群自然分蜂前提下育王，人工分蜂，减少损失。

（4）双王同箱饲养。

双王同箱饲养的显著特点是易于增强蜂群整体抗病性、维持强群、提高生产效率、不易发生逃群，使中蜂养殖获得较好的经济效益，并能有效减少对蜂群的干扰，即使一侧蜂王死亡或丢失，也不会影响蜂群的正常生活秩序。常规的中蜂饲养方式由于蜂箱容积限制，在蜂群管理和生产方面存在很多不足，导致蜂群发展受到限制，不容易饲养强群和提高蜂蜜产量。饲养双王群是蜂群快速发展和壮大的一种方法，两只蜂王产卵可以将弱小的蜂群很快发展成强群，丢失一只蜂王时可以及时合并。由于中蜂关王很容易关死，所以养双王群还免去了关王、放王的烦恼，也在一定程度上避免了因失王而造成的工蜂产卵。

长期以来，由于养单王群在技术上比较简单，管理上也较方便，初学者当然较为容易掌握，中蜂饲养者习惯上都养单王群。如果已具有一定规模的中蜂场和专业户，如要保持蜂场群数不变并有所增长，必须有一定数量的双王群作保障才行；若要蜂场快速扩大，更需要相当数量的双王群，尽量做到箱尽其用，既节省蜂箱，又节省摆放空间。

组建双王群，需要外界蜜粉源充足，蜜蜂育子积极，蜂群群式要求≥ 4 足框以上。此时，将巢箱蜂群以 2 脾为 1 区，分为 2 区饲养，中间插入中蜂竖式隔王板，隔王板两侧以及下方要求不能通过蜜蜂为准；隔王板上部可用图钉将覆布定在隔王板上，形成隔王板一侧有王，一侧无王的蜂群。有王一侧要求封盖子至少 1 脾，卵虫脾至少 1 脾；无王区要求有两个 50% 封盖的子脾（无王区如此放置的意义是在介绍蜂王期间，所介绍蜂王不能产子，待蜂王被蜂群接受需要一段时间，有封盖子不影响群式发展，因为蜜蜂有护子习性，无王区和有王区不会发生一侧蜜蜂偏集情况）。这时，便可介绍一只同龄中蜂王到无王区（可采用扣脾方式、悬挂方式，不管何种方式均以蜜蜂不能自由出入蜂王所在区域为准），打开两侧巢门，让蜜蜂各走各的巢门，蜜蜂所采花粉、蜂蜜能均匀进入两侧储存。介绍蜂王区域，蜜蜂不咬王笼时将蜂王放出，组成双王同巢群。

若蜂群群势达不到要求，则可以将两个小群合并，采用间接合并和直接合并两种方法。

若采用间接合并，合并时可事先准备一个空蜂箱，蜂箱中间插入中蜂立式隔王板，隔王板上贴上报纸，报纸上可用针扎数个小孔。把将要合并的蜂群于傍晚放入蜂箱隔王板两侧，由于有报纸保护，蜜蜂不能相互串通，经过一段时间群味混合，蜜蜂把报纸咬破，即合为左右分区蜂群。需要注意的是，在缺蜜季节合并蜂群，合并时可先将蜂王暂时用诱王器（可用铁纱网制成，不能通过蜜蜂为准）关在群内，悬挂在分区蜂脾一侧中间部位，并群成功后，可将蜂王放出。

在大流蜜期间，蜂群受同一蜜粉源影响，蜂群之间气味区别不明显，加之蜂群忙于储备蜂蜜，工蜂忙碌，警惕松懈，这时可采用直接合并的方法。直接合并可采用继箱合并办法，巢箱和继箱之间放置中蜂平面式隔王板，于傍晚时分将两群群式相等的蜜蜂，其中一群蜜蜂连同蜂王一块合并于继箱内，组成上下蜂王双王群。第二天视蜂群能够很好地融合以后，将继箱蜂王放置巢箱，中间放置中蜂隔王板，组成巢箱双王群。

第二节　培育适龄采集蜂

蜜蜂具有一定的劳动分工，多数情况下，5~17 日龄的工蜂负责蜂群的巢内工作，如酿蜜、哺育幼虫、泌蜡造脾等。17 日龄以后才普遍成为采集蜂（图 6–6），采集蜂的数量决定了蜂群蜂蜜的产量。流蜜期期间工蜂的寿命一般在 30 天左右，工蜂发育期为 21 天（图 6–7，图6–8）。因此，要获得大量17~30日龄的采集蜂，应提前38~51天进行培育适龄采集蜂，一般在大流蜜开始前40~45天着手进行，适龄工蜂的培育结束时间应延续到大流蜜期结束前26天左右。

图 6-6　采集中途停留的中蜂

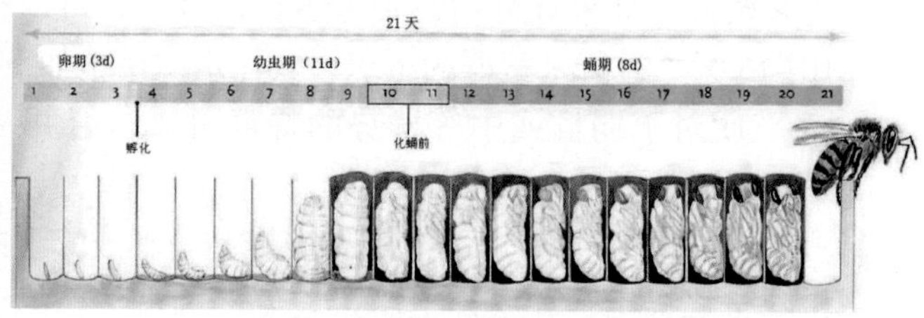

图 6-7　蜜蜂发育周期示意

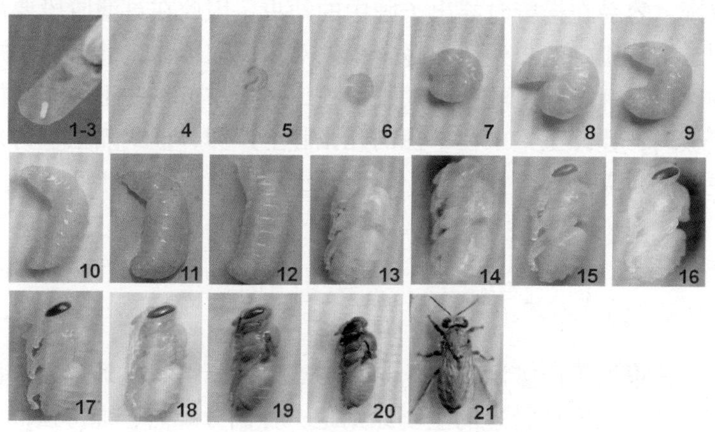

图 6-8　工蜂的不同发育阶段（王颖拍摄）

第三节　组织采蜜群

组织采蜜群的目的是为了保证强群取蜜和生产区无子脾取蜜，以有利于生产操作，保证获得高产。养蜂生产中，应该在当地主要蜜源流蜜前 50 天左右就开始对蜂群进行奖励饲喂，刺激蜂王产卵，着手培育适龄采集蜂。流蜜期前，繁殖采集蜂的工作告一段落，在原群基础上发展起来的采蜜群，会比临时组织的采集力强。但在养蜂生产中，很难做到全场的蜂群在主要流蜜期之前都能培养成强盛的采蜜群。如果蜂群达不到采蜜群的标准，可以在大流蜜期开始前10~15天，进行采蜜群的组织，具体组织措施如下。

① 对于弱群或中等群势的蜂群可进行合并，组成群势较大的采蜜群。

② 蜂群合并时，可把所有蜜蜂和子脾或蜂群的部分卵虫脾和蜜粉脾带蜂提出，并入蜂王质量较好的蜂群，作为生产群，淘汰老蜂王及质量较差的蜂王。

③ 由于国内中蜂饲养很少采用继箱饲养，取蜜一般都是带子脾取蜜，容易在摇蜜时摇出子脾中的幼虫。因此在过滤阶段要严格控制，防治蜜蜂幼虫残留在蜂蜜中。对于以取蜜为主的专业中蜂养殖场，应在蜂场中多配备框式隔王板，采蜜季节将蜂王限制在框式隔王板内，让蜂王集中在单独的几张脾上产卵，框式隔王板另外一侧主要放封盖子脾或空巢脾，待新蜂出房，空出巢房即可装蜜。

第四节 采蜜群的管理

应该根据不同蜜源植物的泌蜜特点以及蜂群状况确定采蜜群的管理措施。采蜜群管理的主要原则是：控制分蜂热、维持强群，同时兼顾流蜜期后的蜂群发展。主要流蜜期期间，应及时了解蜂群的贮蜜情况，适时调整蜂群，一般3~4天检查一次贮蜜量，6~7天检查一次蜂王的产卵情况。流蜜季节一般都会适当限制蜂王产卵，若蜂王已产满整个巢脾，可以将卵脾调整到小群，再将小群的空脾调过来，保存蜂王的产卵积极性。同时，在流蜜后期，将小群中即将出房的封盖子调到大群，以防止采蜜后期蜂群群势大量下降。

一、控制分蜂热

蜂蜜生产期要注意防止蜂群产生分蜂热，保持工蜂积极的采集状态。生产期蜂群一旦发生自然分蜂，会严重影响蜂蜜的产量。蜂

图 6-9　加入新脾抑制分蜂热

场可利用群强、蜜足这一黄金时期在蜂群中加入巢础建造新巢脾（图 6-9）。可将巢脾间的蜂路适当放宽，将巢门放大，加强蜂箱内的通风，加强蜂群的遮阴，避免蜂群处于暴晒状态。生产期使用新王群进行取蜜等措施均能起到很好的防分蜂效果。

二、限制蜂王产卵

在流蜜期间培育的卵虫发育成的工蜂参与不到采蜜工作，还会增加饲料消耗、增加巢内的工作负担。因此，在时间较短但流蜜较多的花期并且距离下一个主要蜜源花期还有一段时间时，一般在该流蜜期到来前 1 周就应该限制生产蜂群的蜂王产卵。限制蜂王产卵时，单王群巢箱可放 5~6 张脾，包括卵虫脾和刚封盖的蛹脾以及粉脾，不给蜂王提供可以产卵的空巢房。以双王群形式饲养的蜂群，可在每个产卵区放 3 张脾，包括卵虫脾和 1 张粉脾。也可以使用产卵控制器进行限制蜂王产卵。流蜜开始后，蜂群中的绝大部分幼虫已封盖化蛹，蜂群中的工蜂摆脱了哺育幼虫的负担，可以集中力量进行采集和酿蜜，整个蜂群的生产能力会大大提高。否则，由于工蜂具有很强的恋子性，如果蜂群内幼虫较多，工蜂的采集活动便会减少。

如果蜜源流蜜期长达 1 个月以上或两个主要的蜜源流蜜期相互衔接，而且下一个蜜源比较稳产，在蜂群的管理上，就要注意既要保证本次花期的高产，又要为下一个蜜源花期培育适龄的工作蜂。也可使用强群、新王群取蜜，弱群进行恢复和发展，不断从繁殖群

中抽调封盖子脾加强采蜜群群势，从采蜜群中抽出过多的卵虫脾放入繁殖群中进行哺育，保证采蜜群持续维持在强群状态。

为了防止蜂群意外失王，流蜜期间应注意使每个采蜜群都保持1~2 张卵虫脾。

三、流蜜后期的蜂群管理

流蜜后期蜂群要逐渐向繁殖转移，在流蜜中期摇蜜时保留子脾上的边角蜜。每次摇蜜后放入产卵区 1~2 张摇完蜜的空脾，被蜜压缩的子脾在将蜜清除以后放入繁殖区，继续扩大子圈。在流蜜后期要调整管理措施，促进蜂群的繁殖发展，如果外界粉源缺乏，要及时加入粉脾，及时介绍产卵性能好的蜂王到失王群，调整蜂群间的子脾。流蜜后期摇蜜时要给蜂群保留一定数量的饲料，为蜂群的繁殖奠定基础。

第五节　蜂蜜的生产

取蜜的基本原则为“初期早取，中期稳取，后期少取”。在养蜂业比较发达的国家，采用多箱体养蜂，一个花期内只集中采收蜂蜜 1~2 次，可获取成熟度高、水分含量低、质量好的蜂蜜，并且减少了对蜂群正常生活的干扰。由于中蜂群势无法与西蜂相比，目前国内大部分蜂场都是平箱饲养，取蜜时连子脾一起摇蜜，上半部分为储蜜区，下半部分为子脾（图 6-10）。这种取蜜方式应注意最后的过滤环节，即取

图 6-10　正在摇蜜的中蜂群

完蜜后要进行过滤，过滤掉蜂蜜中的死蜂、蜂子及较大的花粉颗粒。

分离蜜的生产

1. 采蜜前的准备

时间：提取蜜脾进行采收蜂蜜一般在蜜蜂飞出采集之前的清晨进行。在外界温度较低时取蜜，可以在气温较高的午后进行取蜜操作。

① 地点：室内摇蜜可有效防止外界的灰尘污染和盗蜂。若盗蜂严重，也可用蚊帐搭起简易空间，在蚊帐内摇蜜，既防盗蜂，又干净防尘土。

② 天气较好、蜜源充足时可以在蜂场中进行露天摇蜜，但要保证室外摇蜜不会招引盗蜂。提前清理摇蜜场所的杂草、尘土等，选择在无风天气进行，摇蜜前用清水喷洒取蜜场所的地面，以防止尘土飞扬。

图 6-11　取蜜前需要准备的工具

工具：准备好起刮刀、蜂刷、喷烟器、摇蜜机、割蜜刀、滤蜜器、蜜桶、水盆、空继箱等工具（图 6-11），检查所需的工具准备齐全后，将所有将与蜂蜜接触的器具清洗干净，晾干待用。

2. 分离蜜的采收工序

我国的养蜂场规模相对较小，蜂蜜生产中一般需要 3 人互相配合，1 人负责开箱抽脾脱蜂，1 人负责切割蜜盖，操作摇蜜机、分离蜂蜜，另外 1 人负责传送巢脾，把空脾放回原箱，恢复蜂群。分离蜜的采收主要包括脱蜂、切割蜜盖、摇取蜂蜜、过滤和分装等工序。

（1）脱蜂。

手工抖蜂时，首先提出蜜脾，双手握紧蜜脾的框耳部分，依靠手腕的力量将蜜脾突然上下迅速抖动 3~5 下，使蜜蜂离脾跌落进入蜂箱的空处。抖蜂完成后，蜜脾上剩余的少量蜜蜂可使用蜂刷轻轻将其扫落到蜂箱（图 6–12）。

（2）切割蜜盖。

切割蜜盖时（图 6–13），一只手握住巢脾的一个框耳将另一个框耳置于支撑物或割蜜盖台面上，将巢脾垂直竖起，用锋利的割蜜刀蘸热水自下向上拉锯式徐徐将蜜盖割下，注意不要从上往下割，以避免割下的带蜜蜡盖拉坏巢房。

图 6–12　抖蜂脱蜂

图 6–13　割蜜盖

（3）分离蜂蜜。

把割去蜡盖的蜜脾放入摇蜜机的固定框内，手握摇把，摇转分蜜机，并逐渐加快摇动的速度。摇完一个方向后，可提出蜜脾同时换方向放置，再摇一次，蜜基本摇尽后可换下一批（图 6–14、图 6–15）。

（4）过滤和分装。

在蜜桶上口放置双层过滤网，除去蜂蜜中的蜂尸、蜂蜡、死蜂和花粉等杂质，最后桶中蜂蜜清澈无浑浊（图 6–16）。绝大部分中蜂蜂蜜都会结晶，为防止后续难以分装，应提前灌装入瓶待售（图6–17）。

图 6-14　将蜜脾放入摇蜜机

图 6-15　放入两脾后即可手动摇蜜

图 6-16　过滤完杂质后的桶装中蜂蜜

图 6-17　灌装待售

（5）分离蜜的贮存。

蜂蜜的贮存场所应清洁卫生、阴凉干燥、避光通风，远离污染源，不得与有毒、有害、有异味的物质同库贮存。

（6）取蜜过程中的卫生问题。

在整个摇蜜过程中都要注意保持卫生，保证自然蜂蜜的天然品质。

第七章 中蜂巢蜜生产技术

巢蜜是经蜜蜂酿造后的一种成熟封盖蜜（图 7–1、图 7–2），主要由蜂巢和蜂蜜两部分组成，另外也含有少量的花粉、蜂蜡和蜂胶（中蜂蜂蜜不含蜂胶）等物质，并且具有天然花源的芳香和醇厚甜润的滋味，因此营养价值较高。巢蜜主要分为大块巢蜜、格子巢蜜和切块巢蜜等三种类型，而作为商品的巢蜜主要是格子巢蜜。由于巢蜜保持了蜂蜜原有的特性，无任何添加物且不宜掺假，并且具有一定的医疗作用，因此广泛受到了消费者的青睐。

图 7–1　中蜂巢蜜

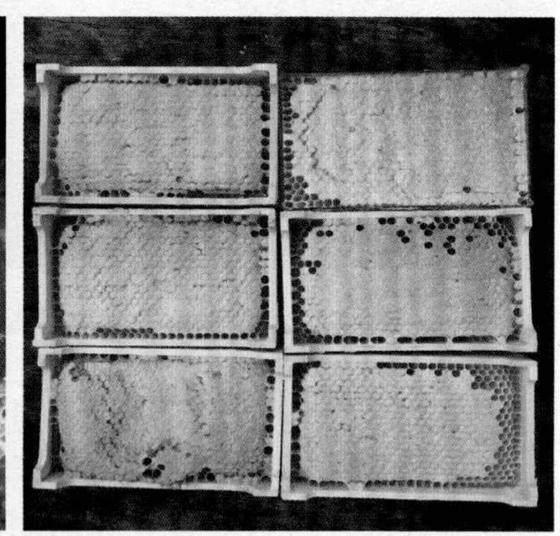

图 7–2　蜂农自产自销的中蜂巢蜜

我国自 20 世纪 80 年代开始研究并推广巢蜜蜂生产技术，在研究人员和养蜂工作者的共同努力下，取得了飞速的发展。中蜂是我国本土的蜜蜂种类，目前已有 3 000 多年的饲养历史，具有善于利用零星蜜源及个体耐寒性强等特点，对我国山区的生态平衡具有重要的作用。此外，中华蜜蜂酿造的蜂蜜成熟度高，质细且不采集蜂胶，因此能够生产出优质的巢蜜，从而提高中华蜜蜂的生产效益和经济效益。在利用中华蜜蜂生产巢蜜的过程中，我们既需要学习国内外利用西方蜜蜂（*A. mellifera*）生产巢蜜的先进技术和经验，同时也要开发出一套适合中华蜜蜂生产巢蜜的技术，从而满足我国中华蜜蜂的饲养需要。经过大量的实践摸索，中华蜜蜂巢蜜生产主要技术措施包括以下几个方面。

一、生产巢蜜的工具和设备

（一）蜂箱

选用的蜂箱应是 10 框郎氏标准箱或中蜂标准蜂箱，继箱选用浅继箱，高度为 140mm。

（二）巢蜜盒

巢蜜盒可选用无毒的食品级塑料或者木片制成的小框格（图 7-3），一般有一斤（1 斤=0.5kg）装和半斤装的巢蜜盒两种规格，其中一斤装的为 15cm × 10.5cm × 5cm，半斤装的为 10.5cm × 8cm × 5cm，均与标准巢框相符合。一个标准巢框中可放置 6 个半斤或者 4 个一斤的巢蜜盒。在组装时需要在巢框的一面钉上与巢框大小一致的木板，然后再放置巢蜜盒，对于一斤的巢蜜盒，则还需要在两端加上木条级型固定。巢蜜框一般置于继箱，数量根据蜂群群势和当时流蜜的

图 7-3 中蜂巢蜜的生产工具

情况而定，以蜂多于脾为宜。在巢蜜生产过程中蜂路距离应相等，保持在6~8mm。为了防止出现赘脾，可以在空巢框两面钉上隔板。

（三）巢础

应选择纯净的蜂蜡来制作巢础（图7–3）。尺寸大小、形状按巢蜜格规格裁定，并嵌入巢蜜格框边槽内，用融化的蜂蜡固定。

（四）其他

隔板、人工饲喂器等。

二、蜂群的放置和管理

（一）场地和蜜源

生产巢蜜的场地应选择在空气新鲜、通风、背阴、水源良好、远离污染源的地方，所在地半径5km范围内无畜牧养殖及种植等农业活动或其他污染活动。蜜源则必须在有丰富蜜源的季节，选择花期长、蜂蜜质优、不易结晶、色泽浅淡、气味芳香、流蜜量大且集中的花源，如紫云英、柑橘、刺槐、椴树、荊条、苜蓿等。中蜂最适合采集零星蜜源，在中蜂群势发展旺盛期，给蜂群筑巢蜜盒创造了最佳选择时期。

（二）蜂群的选择

选择群势好，采用浅继箱群来筑巢蜜盒，或者把弱群合并成强群，再调整蜂群，为蜂群造脾装蜜，便于把装好蜜的巢蜜盒框集中放在一个继箱强群用来封盖，这样生产充分利用蜜源和蜂群的优势。蜜蜂封盖时切记不要过多频繁操作提巢蜜盒框，以免影响封盖时间。在检查蜂群时只要打开蜂箱，向下观察上部巢蜜盒封口状况，若上部已封盖，就直接把巢蜜盒框颠倒放就可以（这个巢蜜盒框下面也用同上面的框梁两边钉钉子悬挂）。或因所产蜂蜜易结晶、有异味，或因色泽较深等均不适合生产巢蜜。

（三）蜂群的饲养和管理

首先需要选择健康无病、蜂王优良、群势强大的蜂群进行巢蜜生产。当主要蜜源植物开始开花时应撤去普通继箱，将蜂箱中已经封盖的子脾留在巢箱内，并将多余的虫卵脾抽出抖去蜜蜂，调给其他蜂群哺育，然后在原巢箱上，加上已准备好的巢蜜格浅继箱。如果蜂群群势不够强大，可从其他蜂群抽调成熟的封盖子脾，或直接抖入幼蜂补充，使蜂群群势迅速扩大。

另外生产巢蜜的蜂群管理与普通蜂群基本相同，主要抓好以下几个要点。

（1）造好巢脾。为了使巢蜜格内巢础尽快修造成贮蜜的巢脾，应保持箱内有充足的粉、蜜饲料，并使蜂脾相称或蜂多于脾。若在两个衔接花期（如南方的油菜、紫云英，北方的刺槐、荆条或椴树），可在前一个花期的后期造脾，在后一个花期一开始即可贮蜜。必要时，应进行人工奖励喂饲，以加速尽早修筑好巢蜜格内巢脾。

（2）要及时添加继箱。当蜜源进入大流蜜后，巢蜜格上蜜很快。在巢蜜格内贮蜜 5 成以上，即可及时添加第二浅继箱。添加位置可先放在第一浅继箱的上面，待修筑好巢脾后，再移到第一浅继箱与巢箱的中间。若外界流蜜甚涌，蜂群十分强大，亦可一开始就加在巢箱上面。但添加继箱不可过快贪多，要按群势、流蜜情况决定。蜜蜂一般喜欢在蜂箱后半部贮蜜而前半部较少。因此，容易出现巢蜜封盖不平整现象。为此，无论用巢蜂框或托架都必须在每两框（两行）之间添加薄隔板（图 7-4），以控制蜂路，

图 7-4　中蜂巢蜜蜜盒在蜂箱中的排列

不让蜜蜂随便加高巢脾。在检查蜂群时，还应经常将继箱前后调头，以使贮蜜均匀。

（3）要做好蜂群的补给喂饲。当外界流蜜即将结束，而巢蜜尚未贮满封盖时，应抓紧进行补充饲喂。补充饲喂必须用同一种蜜源的分离蜜，以保证花蜜纯净单一，具有独特风味。并要尽可能在1~2 天内的清晨或傍晚分 2~3 次喂足。饲喂时，要谨防盗蜂发生，不可将蜜汁滴落箱外。

（4）由于生产巢蜜必须是强群，而且因使用浅继箱，蜜蜂较拥挤，通风较差，因而蜂群很容易发生分蜂热。为此，除必须选用优良年轻蜂王外，并应及时进行子脾调整，销毁自然王台，加小巢门及添加巢础，做好防暑降温以及结合采收分离蜜等有效措施。万一预防工作不当，产生了分蜂，应因势利导，充分利用大的分蜂群修筑巢蜜格新脾，这样能充分利用蜜蜂的工作，减少损失。

（5）在生产巢蜜中，严禁饲喂、喷洒抗生素和抗生素药剂等，以防药物污染，确保蜂蜜纯净。

三、巢蜜的采收和存储

巢蜜格内的蜂蜜不可能同时贮满，也不可能同时封盖。因此，当巢蜜格内蜜贮满，并完全封盖时，即应及时分批分期从箱内取出（图 7-5），不要久存，以免巢房颜色变深，影响外观。采收时，要轻轻抖落蜜蜂，用蜂帚小心扫净余蜂。注意应避免把封盖损坏搞破，同时注意驱除蜜蜂不可熏烟，以防烟灰污染和蜜蜂吮吸蜂蜜。采收到的巢蜜可用薄刀片进行修整，削除多余蜡屑，

图 7-5　巢蜜的规模化生产

使外观清洁卫生。为了防止巢虫的危害，可将密封的巢蜜放入到15~20℃的冰柜中冷冻24 h，可杀死巢虫的虫卵。最后逐个进行分级检验并及时装入包装盒内密封，保存在通风、干燥及清洁的仓库中，温度在20℃以下为宜。采收后的巢蜜必须及时包装，而且包装必须严密。否则，容易因吸收水分，使封盖巢房破裂，蜜汁外溢。一旦发生此类情况，只有重新加入蜂群内，由蜜蜂重新加工整修后再取出包装。在运输巢蜜过程中，要尽力减少震动、碰撞，避免日晒雨淋，防止高温，尽量缩短运输时间。

第八章 中蜂蜂蜜的营销

第一节 我国蜂蜜的市场现状

我国养蜂历史悠久，现有蜂群910万群左右，居世界首位。全国出口的蜂蜜原料约占国际市场总量的20%，2017年，我国达到48.8万t，位居全球第一（表8-1、图8-1）；出口量为12.9万t。目前，我国蜂蜜产业的蜂群数量、蜂蜜产量和蜂蜜出口量均居全球第一位，是名副其实的全球第一养蜂大国。我国蜂蜜消费市场潜力巨大，国际蜂蜜品牌对我国蜂蜜市场的重视度不断提升。2017年，我国蜂蜜进口量为0.6万t，同比增长6.2%，进口金额为0.9亿美元，同比增长25.5%，进口单价为16.1美元/kg。相较于我国出口的蜂蜜产品，进口蜂蜜单价高，是出口蜂蜜的7.7倍。国际蜂蜜品牌以高端产品进军我国市场，我国蜂蜜产品处于竞争弱势地位，蜂蜜产业结构亟需调整升级。

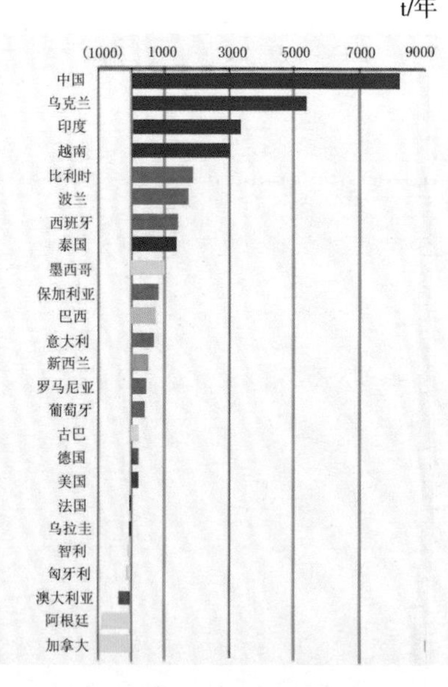

图8-1 过去10年蜂蜜出口量世界前25国家的年平均变化

表 8-1　2016 年全球蜂蜜出口量排名前 25 的国家

国家	蜂蜜出口数（t）	国家	蜂蜜出口数（t）
中国	128,330	波兰	13,731
阿根廷	81,183	罗马尼亚	10,371
乌克兰	54,442	新西兰	9,626
越南	42,224	保加利亚	8,894
印度	35,793	泰国	8,267
墨西哥	29,098	意大利	7,815
西班牙	26,874	乌拉圭	7,716
德国	25,325	美国	7,405
巴西	24,203	智利	7,137
比利时	20,816	葡萄牙	6,901
匈牙利	18,805	古巴	5,543
加拿大	17,954	法国	5,079
		澳大利亚	4,457

我国是蜂蜜生产大国，同时也是蜂蜜消费大国。随着我国居民生活水平日益提升，养生保健意识逐渐增强，对蜂蜜的需求量日益增加。我国拥有蜂产品生产经营资格的企业 1 000 余家，具有一定规模的有 300 余家（图 8-2），蜂蜜品牌数量众多，但缺乏消费者认知度高的品牌。未来我国蜂蜜行业的发展以品牌建立最为重要。同时，我国蜂蜜产品同质化现象严重，企业创新能力较弱，蜂蜜产品附加值较低，产业发展亟待转型升级。

图 8-2　蜂蜜直营店

第二节 我国中蜂产品的种类及存在的问题

近年来，由于国家对蜂产业的重视和扶贫攻坚的推动，中蜂以其独特的优势，在山区脱贫致富中表现出很强的后劲（图 8-3）。在这一政策优势的推动下，我国山区中蜂保有量逐年上升，为保持我国山区农业生态平衡和多样性起到了积极的作用。目前，中蜂蜂产品的种类比较单一，主要以蜂蜜为主。由于中蜂群势相对较小，饲养技术难度较大，所以在很长一段时间内，中蜂蜂产品的种类将保持以蜂蜜为主。

图 8-3　中蜂养殖技术培训

由于中蜂产业这些年表现出很强的发展态势，而我国在蜂业管理和立法上相对滞后，因此，中蜂产业发展也存在一些亟待解决的问题。

① 中蜂蜂蜜国家标准尚未制定。

② 中蜂蜂蜜的质量尤其是抗生素残留问题严重。

③ 饲养分散，大型蜂场较少，对养蜂人员的管理困难。

④ 饲养人员老化，年轻人不愿从事养蜂行业。

⑤ 饲养技术水平整体较差，培训力度覆盖不够。

⑥ 中蜂蜂蜜市场价格较高，导致假蜜横行，以次充好。

⑦ 中蜂基础科研投入力度不够。

第三节　中蜂蜂产品的销售模式及现状

中国蜂产品的销售具有很强的地域性特点，大部分地区都有当地比较知名的蜂产品销售生产企业，企业的大部分蜂产品销售主要集中在本地。目前，我国以中蜂蜂蜜为主要产品的企业少之又少，中蜂蜂蜜在整个蜂产品市场中所占销售利润相对较小，其销售模式也与西方蜜蜂蜂蜜的销售模式类似。

（一）蜂产品的销售模式

蜂产品企业的主要销售渠道一般包括：经销商、加盟店、各大超市、药店以及产蜜区就地销售。同时，还包括会议营销、团体营销、直销及近年来流行起来的网络营销、直播营销等新型渠道。

特许加盟店：许多知名的蜂产品企业采用了这种营销渠道模式（图 8-4）。蜂产品企业提供产品或服务，加盟方按照公司的专卖经营模式，接受公司的统一市场管理模式、经营规范条例，加盟方在其经营专卖范围内销售蜂产品。加盟方在加盟之前，蜂产品企业需将本身的销售经验教授给加盟方并且协助创业与经营，双方都必须签订加盟合约，以获利作为共同的合作目标。

图 8-4　蜂产品加盟店

直营店：蜂产品企业直营店是指店铺均由公司总部投资或控股，

在总部的直接领导下统一经营（图 8-2）。总部对店铺实施人、财、物及商流、物流、信息流等方面的统一管理。直营店能够实行集中管理、分散销售，充分发挥规模效应，同时能获得较高的利润。

经销商：经销商从蜂产品公司买断蜂产品后，在规定的区域内发展分销商和加盟连锁店进行销售。蜂产品经销商需达到公司规定级别的订货金额要求，其在代理区域内享受公司在约定时间内的区域保护政策，并承担因完不成代理销售任务而产生的责任。这种渠道模式对于企业风险较小，可以充分利用经销商的销售人员和销售网络，大力扩展市场，降低自己建设渠道的费用，能够提高企业资金周转率。但这种渠道模式因各自的利益关系，很容易产生许多冲突。例如因经销商为了追求销售额而在区域以外以较低的价格窜货，导致蜂产品市场价格体系混乱，使得蜂产品企业难以控制市场价格。蜂产品经销商因自身实力等原因，在渠道建设方面有时很难达到企业的要求，对蜂产品企业销售很不利。

会议营销：会议营销的实质是对目标顾客的锁定和开发，主要用在保健品的销售方面，其向顾客传播企业形象和产品知识，以产品专家的身份对目标顾客进行隐藏式的销售。现在有许多蜂产品企业采用会议营销方式进行销售，寻找特定顾客，采用亲情服务和产品说明会的方式销售蜂产品。

超市销售：在大型超市的商品开架销售，顾客自由选择，其主要经营食品、家庭日用品等，薄利多销、周转率高。许多蜂产品企业会选择在大型超市出售产品，大型超市一般处于市区，人流量大，蜂产品作为普通的商品，选择超市可以解决顾客购买的便捷性。

个体铺面销售：这种销售模式的主要实践者是养蜂个体户，尤其是在一些县城和乡镇比较普遍，一般主流品牌的蜂产品很难覆盖到这些片区。因此，一些养蜂经营收入可观的养蜂人，通过租赁铺面，自产自销，家中老人或妇女留守看店，自己则走南闯北转地放蜂，每年将质量优良的蜂蜜留作零食，其余在转地途中即卖给蜂蜜收购商。这种模式在我国非常普遍，老百姓可以通过赶集时就能购买到本地产的正宗蜂蜜。此外，还有一些饲养数量不大的蜂农，在农村赶集时在农贸市场摆地摊自产自销，不用租铺面，非常灵活。

（二）蜂产品经营模式的转变

蜂产品销售模式经过几十年的发展，很多已经无法适应当前的市场发展。近 10 年来，蜂产品地面专卖店关门的越来越多，当然不仅仅是蜂产品店，农产品专卖店也是越开越少。主要原因很可能是互联网营销模式的冲击，由于网络营销的兴起，逐渐取代实体店的趋势已不可逆转。

因此，蜂产品经营者应根据时代发展，拓宽产品营销模式，除传统专卖店模式外，结合互联网 + 的发展趋势，不断学习新的销售模式，借助互联网，通过淘宝、京东、微信等（图 8-5 至图 8-7）方式扩大宣传，扩大产品的销售渠道。此外，在蜂产品的经营范围和产品包装上也需要多下工夫，增加消费者对产品的了解。

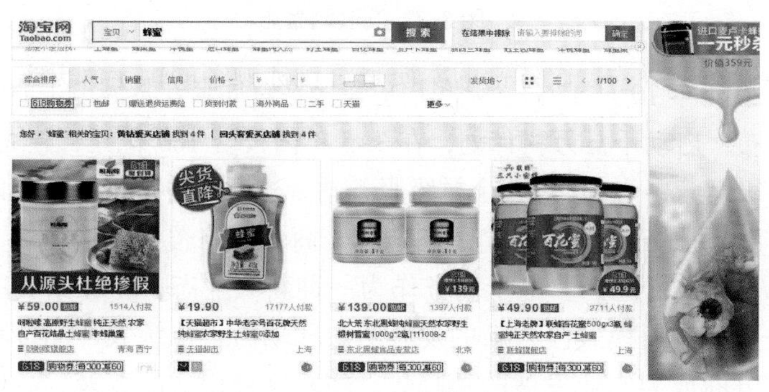

图 8-5　淘宝上的蜂蜜产品

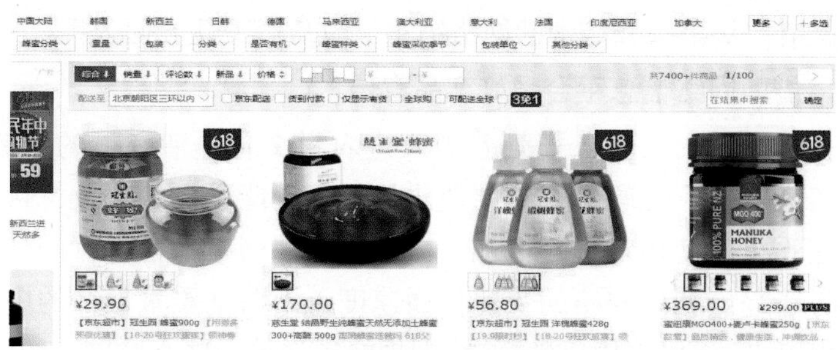

图 8-6　京东商城上的蜂蜜产品

图 8-7　互联网微店

2014 年 10 月 13 日，阿里巴巴集团在首届浙江县域电子商务峰会上宣布，启动千县万村计划，在 3~5 年内投资 100 亿元，建立 1 000 个县级运营中心和 10 万个村级服务站。这意味着阿里巴巴要以推动农村线下服务实体的形式，将其电子商务网络覆盖到全国 1/3 的县及 1/6 的农村地区。电子商务作为一种新兴业态，正在给我国传统的农产品流通模式注入新的发展活力和动力，传统农产品转型互联网做电商成为农业发展的新趋势。随着这种模式的普及，我国生产中蜂蜂蜜为主的贫困山区，其生产的优质中蜂蜂蜜的销售就有了很好的渠道。从事中蜂蜂蜜的网络销售，应从以下几方面入手。

1. 借助网络信息平台做好产品宣传

在国家“十二五”规划着力改进农村文化生活环境的形势下，农村实现宽带、互联网安装便捷化，加上智能手机的普及，目前农村智能手机的使用量逐年增加。因此，利用网络平台进行产品宣传是大势所趋。利用网络的快速传播速度，不断把质量最好的中蜂产品销售出去，也可采用口碑营销，即把蜂蜜送给一些互联网上的好友，在产品取得好评后用户会推荐给其他人，口口相传，逐渐形成口碑，顺利将大山里的蜂蜜产品推广出去。

2. 做好乡村物流网络的调查

农产品拥有价格上的优势，但面临着物流渠道落后、运输难的问题。农村物流成本一直居高不下，大多数民营物流企业和较小型的地方性物流企业难以将业务触角扩展到农村，导致农村农产品无法走出去。因此，各地在发展互联网营销模式时，首先应调查本地的物流网络现状。目前，我国大部分地区的县城都已经物流全覆盖，很大一部分的乡镇也已经实现物流覆盖，只是零落分散的村落目前还无法实现。

3. 学习新的支付模式

电子支付是电子商务系统的重要组成部分，目前电子支付在我国越来越普及，出门不带钱包，手机只需扫一扫，就能完成交易。但由于农民习惯于现金交易，制约了农村电商发展。随着人们生活水平的提高，产自大山深处的中蜂蜂蜜的需求量逐年递增，加上近年来的养蜂扶贫的推进和各地地点扶贫帮扶人员的入村入驻，对提高山区农民的视野起到了很大的作用。因此，蜂蜜产品上线运营之后，尤其是在农村电商发展得越来越迅速的今天，利用互联网长期营销，是山区养蜂脱贫致富的重要模式。

（三）中蜂蜂蜜网络营销的方法及注意事项

1. 专注做好一款主打产品

确保质量第一，首先应保证自身产品的质量，杜绝掺假和劣质产品，也杜绝以次充好欺骗消费者，这是长期发展的前提条件。在质量过关的基础上，不断提高产品和店铺形象，只有在消费者心中树立起了良好的形象，就会在人们的潜意识中留下对产品的认同，为消费者的消费行为提供品牌指引。

在质量保证的前提下，选择一款产品，并把这款产品做到极致，且每天都要收集用户的建议和反馈，以便更好地了解用户需求，然后每周对产品进行迭代式更新改善。在产品包装上，及时搜集客户的建议及反馈信息，尽量选择能够彰显农村特色的包装（图 8-8 至图 8-13），了解并适应城市消费人群特点。

图 8-8　手工包装的蜂蜜

图 8-9　方便携带的条状包装蜂蜜

图 8-10　具有地域特色的中蜂蜂蜜

图 8-11　具有民族特色的蜂蜜

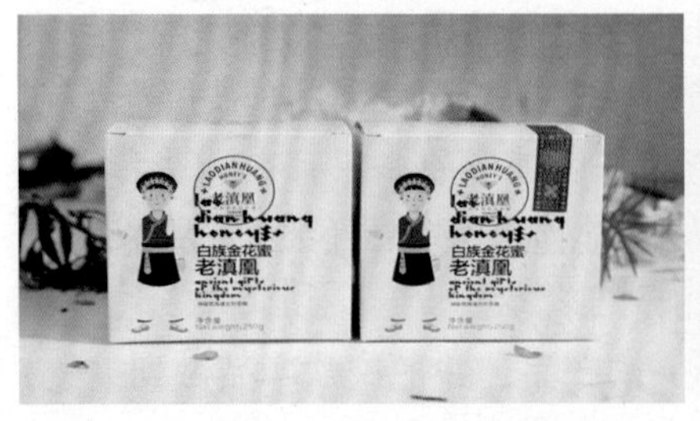

图 8-12　具有少数民族特色的蜂蜜包装

图 8-13　中蜂蜂蜜高档礼盒

2. 借助不同的网络平台做好产品的宣传

科学宣传、普及蜂产品知识。借助一切机会普及和宣传蜂产品知识，通过宣传，让消费者全面了解蜂产品知识，科学放心地购买、消费蜂产品，为消费者提供科学指引，激起人们通过消费纯天然蜂产品达到强身健体目的的需要和欲望。

有些地区还有一些特色蜜源，如口感为苦味的蜂蜜（图 8–14），颜色金黄的蜂蜜（图 8–15），这些蜂蜜的蜜源一般很少见，只在特定的地区存在（如大山深处，图 8–16），而且一般只有中蜂才能够采集到。此时，应把这些产品做成主打特色产品，进而发展自己的品牌，不断把好产品宣传推销出去。还可借助微信、QQ 直播、淘宝直播及抖音直播等平台，宣传自己养蜂基地动态信息。蜂农自己也要不断学习新的知识，如产品的专业知识，从而给用户分享知识，尽心尽力地为用户服务，把用户当做最好的朋友，帮助用户解决问题。要特别重视售后服务，希望能以良好的产品体验形成顾客的忠诚度，赢得顾客口碑，让用户主动参与并帮助宣传。

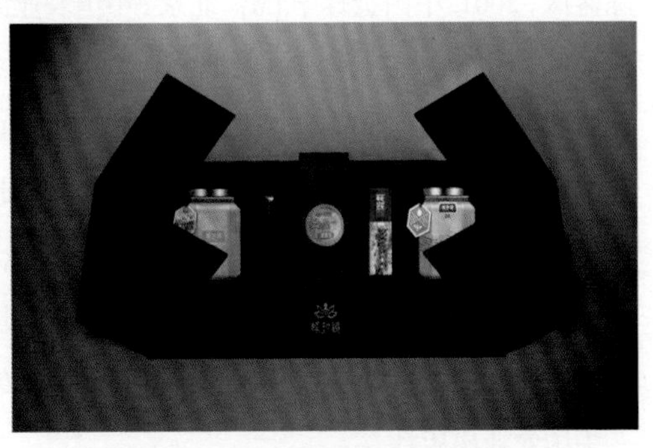
图 8–14　中蜂采集的苦蜂蜜套装

图 8–15　颜色金黄的特色中蜂蜜

图 8–16　大山深处的中蜂蜂场

参考文献

陈汝意 . 2013. 观蜂尸诊断蜂病 [J]. 蜜蜂杂志，33（4）:29–31.

陈盛禄 . 2001. 中国蜜蜂学 [M]. 北京 : 中国农业出版社 .

代平礼 , 周婷 , 王强等 . 2012. 养蜂业相关主要寄生蜂 [J]. 中国蜂业（Z1）:19–22.

杜桃柱，姜玉锁 . 2006. 蜜蜂病敌害防治大全 [M]. 北京 : 中国农业出版社 .

范志安 . 2009. 中华蜜蜂冬季饲养管理技术 [J]. 湖北畜牧兽医（12）: 32–33.

冯永谦 , 刘进祖 , 李凤玉 . 2006. 养蜂技术 [M]. 哈尔滨 : 东北林业大学出版社 .

龚一飞 . 1981. 养蜂学 [M]. 福州 : 福建科学技术出版社 .

国家畜禽遗传资源委员会. 2011. 中国畜禽遗传资源志 : 蜜蜂志 [M]. 北京 : 中国农业出版社 .

胡佑志 . 2018. 中药煎汤治中囊病效果好 [J]. 中国蜂业（2）:42.

黄文诚 . 2010. 养蜂技术 [M]. 北京 : 金盾出版社 .

柯贤港 . 1993. 蜜粉源植物学 [M]. 北京 : 中国农业出版社 .

李殿臣 . 2002. 简单有效的蜂场止盗法 [J]. 中国蜂业，53（4）:6.

刘清河 , 马成吉 . 2002. 加强蜂群管理 , 提高养蜂效益——我的蜂群为什么不患蜂病 [J]. 蜜蜂杂志（12）: 34.

刘先蜀 . 2002. 蜜蜂育种技术 [M]. 北京 : 金盾出版社 .

彭文君 . 2006. 蜜蜂饲养与病敌害防治 [M]. 北京 : 中国农业出版社 .

沈飞 . 2018. 太行山地区中蜂多箱体双王群饲养 [J]. 中国蜂业（2）: 43–44.

唐黎标 . 2010. 浙江省中华蜜蜂安全越冬技术 [J]. 蜜蜂杂志 , 30（11）: 33–34.

王安，彭文君 . 2011. 生态养蜂 [M]. 北京 : 中国农业出版社 .

王冰，孙成，胡冠九 . 2007. 环境中抗生素残留潜在风险及其研究进展 [J]. 环境科学与技术，30（3）: 108–111.

王春华 . 2013. 中华蜜蜂冬季饲养管理经验谈 [J]. 中国蜂业（4）: 30–31.

王建鼎 . 1997. 蜜蜂保护学 [M]. 北京 : 中国农业出版社 .

吴杰 . 2012. 蜜蜂学 [M]. 北京 : 中国农业出版社 .

项海水 , 邵一峰 , 连晓梅等 . 2018. 中蜂敌害——蜻蜓 [J]. 中国蜂业（4）:41.

谢树理 . 2009. 蜂群补钙治中囊病效果好 [J]. 中国蜂业（4）: 33.

徐松林 , 毛英良 , 贾贞海 , 等 . 2005. 几种蜂病的无抗生素残留防治方法 [J]. 蜜蜂杂志（5）: 26.

张中印 , 吴黎明 , 李卫海 . 2012. 实用养蜂新技术 [M]. 北京 : 化学工业出版社 .

张中印 , 吴黎明 . 2010. 轻轻松松学养蜂 [M]. 北京 : 中国农业出版社 .

赵红霞 , 陈大福 , 侯春生 , 等 . 2019. 蜂箱小甲虫的生物学特征、入侵危害及其防控对策 [J]. 蜜蜂杂志 , 39（1）:15–18.

赵红霞 , 王华堂 , 侯春生 , 等 . 2018. 入侵中国的蜂箱小甲虫鉴定及发生为害调查 [J]. 中国蜂业（11）:29–31.

郑元明 . 2008. 中华蜜蜂分区饲养组织与管理 [J]. 蜜蜂杂志（7）: 23–24.

周冰峰 . 2002. 蜜蜂饲养管理学 [M]. 厦门 : 厦门大学出版社 .

朱晓刚 , 周世庆 . 2017. 中华蜜蜂无公害饲养技术 [J]. 现代农业科技（18）: 218–219.

诸葛群 . 2001. 养蜂法（第 7 版）[M]. 北京 : 中国农业出版社 .

曾志将 . 2003. 养蜂学 [M]. 北京 : 中国农业出版社 .

Frazier M , Mullin C , Frazier J , *et al.* 2008. What Have Pesticides Got to Do with It?[J]. American Bee Journal, 148（6）:521-523.

García Norberto L. 2018. The Current Situation on the International Honey Market[J]. Bee World, 1-6.

Li J, Qin H, Jie W, *et al.* 2012. The Prevalence of Parasites and Pathogens in Asian Honeybees Apis cerana in China[J]. PLoS One, 7（11）: e47 955.

Luttik R, Arnold G, Boesten J J T I, *et al.* 2012. Scientific Opinion on the science behind the development of a risk assessment of Plant Protection Products on bees

（Apis mellifera, Bombus spp. and solitary bees）[J]. Efsa Journal, 10（5）:2668.

Motta EVS, Raymann K, Moran NA. 2018. Glyphosate perturbs the gut microbiota of honey bees [J]. Proc Natl Acad Sci U S A（15）: 10 305-10 310.

Roy A. 1949. The hive and the honey bee :[M]. Dadant.

Wambua B, Muli E , Kilonzo J , et al. 2019. Large Hive Beetles: An Emerging Seri ous Honey Bee Pest in the Coastal Highlands of Kenya[J]. Bee World, 1-2.